한국산업인력관리공단 출제기준에 따른

유압·공압 연습

한홍걸 저

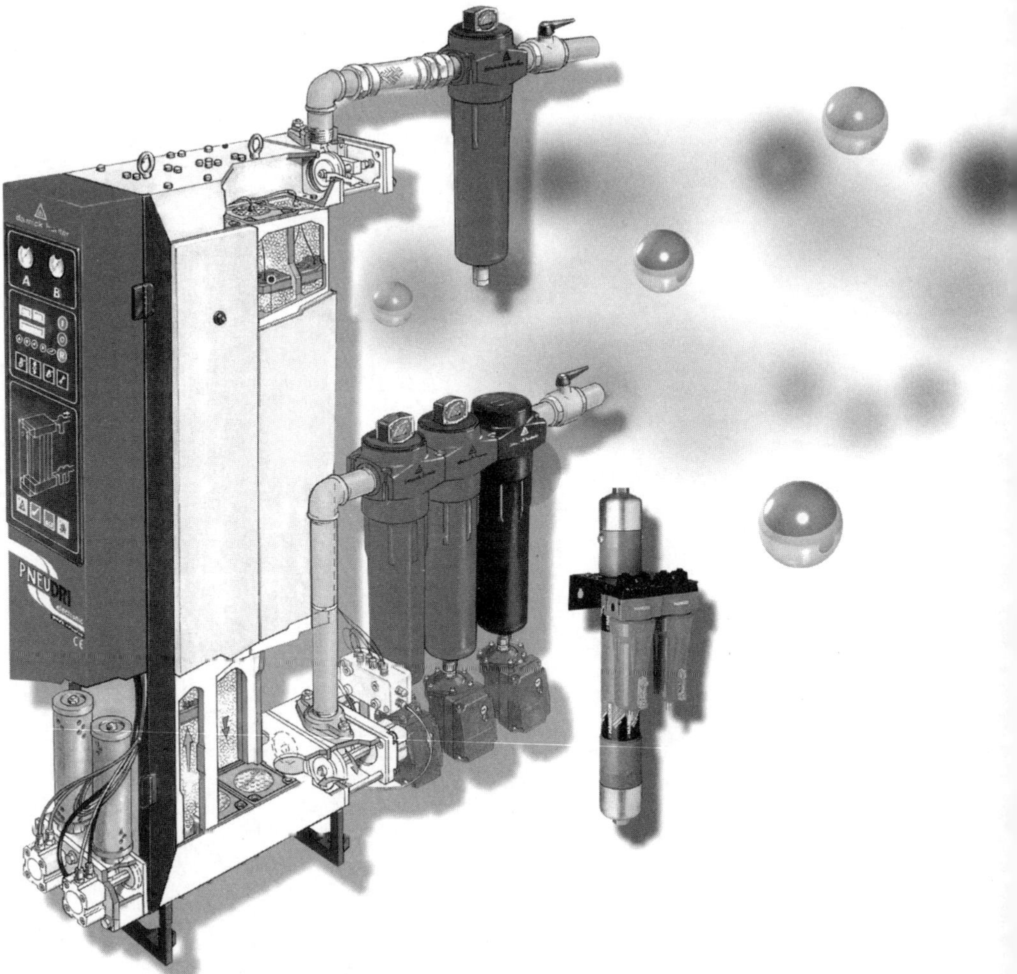

(주)북스힐

머리말

급변하는 현대 산업사회에서 유압 및 공압의 중요성은 생산 자동화와 큰 힘이 필요로 하는 곳에서는 첨단 기술을 지탱해 주는데 주역이 되고 있다.

이에 따라 자격증(기사 및 산업기사) 및 각종 공무원 공사 시험에서 점점 더 그 중요성은 증가되는 추세이다.

이 책은 과년도 시험 문제들을 근거로 하여 유압 내용을 한국 산업인력관리공단의 출제 방식에 맞추었으며 최단 시간에 수험 준비를 할 수 있도록 체계적으로 구성하였다.

수험생들이 유압 및 공압을 쉽게 정복할 수 있도록 종합하여 정리하였지만 부족하다고 생각되거나 의문 사항이 있을시 연락을 주시면 수정 보완하여 한층 더 유익한 교재가 되도록 노력하겠다.

이 교재가 나올 때까지 협조해 주신 여러분들께 깊은 감사를 드린다.

저자 연락처

전화 : 02) 2636-3114
http : //www.hanbak.co.kr

2002년 2월
저자 씀

1장 유압기기의 개요 1

    1·1 유압이란? / 1
    1·2 유압시스템의 구성요소 / 1

2장 유압의 기초지식 3

    2·1 유체의 정의 / 3
    2·2 유체운동학 / 13
    2·3 역적-운동량의 원리 / 20
    2·4 레이놀드수(Reynolds number) / 23
    2·5 원관 속의 층류 / 24
    2·6 원형관로에서의 압력 손실 / 26
    연습문제 / 27

3장 유압시스템의 특징 31

    3·1 유압유 / 32
    3·2 유압펌프 / 35
    3·3 동력과 효율 / 46
    3·4 유압펌프의 고장원인 / 47
    3·5 유압펌프의 소음 절감방법 / 48
    3·6 기타용어 / 49

연습문제 / 50

4장 유압제어 밸브 ... 61

4·1 개 요 / 61
4·2 유압제어 밸브의 분류 / 61
4·3 압력제어 밸브 / 65
4·4 유량제어 밸브 / 71
4·5 방향제어 밸브 / 76
연습문제 / 85

5장 구동기기 (엑추에이터) ... 93

5·1 구동기기 분류 / 93
5·2 유압 실린더의 구조 / 94
5·3 피스톤에 사용되는 밀봉장치 / 95
5·4 유압모터 / 95
5·5 유압요동모터 / 100
5·6 유압모터의 동력과 효율 / 101
연습문제 / 102

6장 부속기기 (Accessories) ... 105

6·1 기름탱크 / 105
6·2 축압기 / 107
6·3 증압기 / 108
6·4 여과기 / 109
6·5 냉각기 (쿨러) / 111
6·6 유압 회로도 / 111
6·7 관 이음 / 111
연습문제 / 116

7장 공 압 ... 123

7·1 밸브의 표시법 / 123
7·2 밸브의 연결구 표시방법 / 124
7·3 캐스케이드 회로 작성 / 130
연습문제 / 134

부 록 과년도 문제 ... 173

1장 유압기기의 개요

1·1 유압이란?

유압은 알맞는 성질을 가진 작동 유체(working fluid)를 매개체로 하여 동력원(power unit)으로부터 출력된 동력을 작동유체의 압력에너지로 변환시키고 작동유체의 적절한 제어와 흐름을 통하여 기계적으로 변환시켜서 필요한 일(work)을 수행하는 결합체이다.

즉, 유압이란 유체역학에서 언급하는 힘과 운동량을 제어하여 동력을 전달하는 것으로서 유압을 이용한 구성품을 유압기기라고 한다.

1·2 유압시스템의 구성요소 (components of hydraulic system)

① 동력원(power unit) : 전기에너지를 기계적 에너지로 변화시켜서 유압펌프를 구동시키는 전동기와 유압유에 압력에너지를 공급하는 유압펌프로 구성된다.
② 유압제어 밸브(hydraulic control valves) : 유압제어 밸브에는 펌프에서 나오는 유체의 압력을 제어하는 압력제어, 밸브유량을 제어하는 유량제어 밸브와 방향을 제어하는 방향제어밸브가 있다. 즉 제어 밸브에는 압력제어 밸브, 유량제어 밸브, 방향제어 밸브의 3가지가 있다.

2 1장 유압기기의 개요

표 1·1 유압 장치의 구성

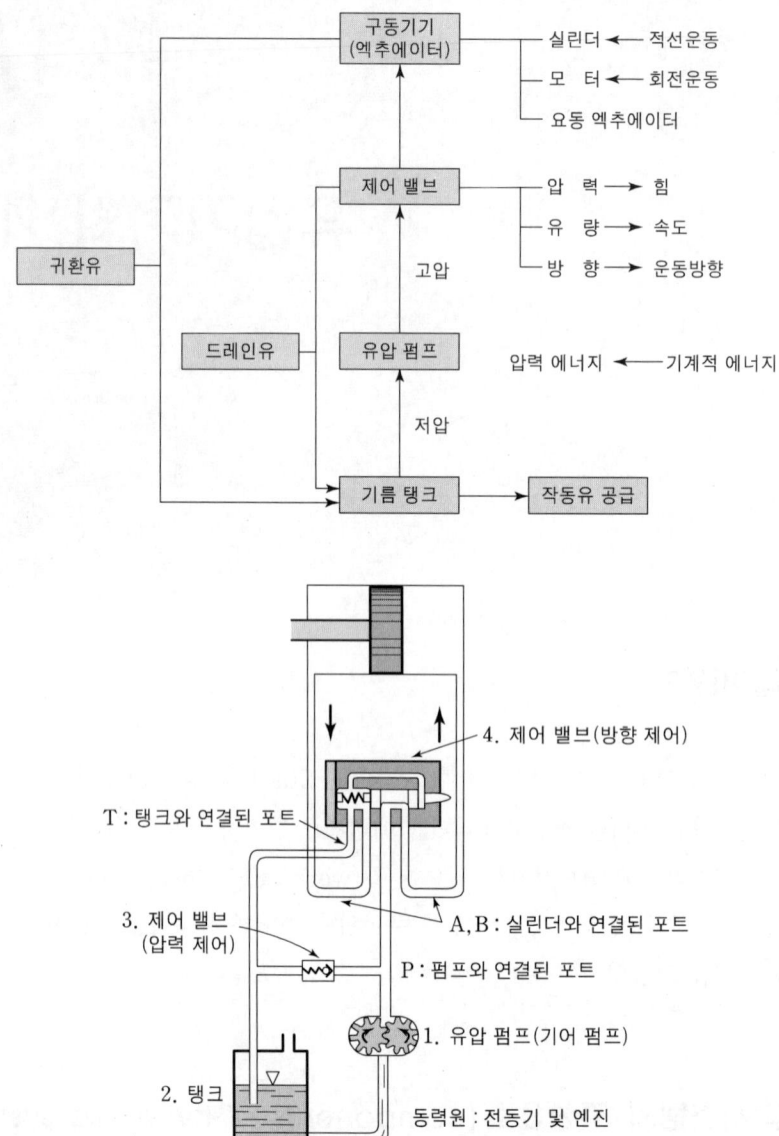

그림 1·1 유압 장치 구성

③ 유압구동기기(hydraulic actuator) : 유압유의 압력에너지를 기계적 에너지로 변화시켜서 필요한 일을 하는 것으로 유압모터, 유압실린더, 요동엑추에이터가 있다
④ 부속기기(accessories) : 유압유를 저장하는 오일탱크(oil tank)와 작동유체를 순환시키기 위한 배관, 압력게이지, 축압기, 냉각기, 피트 등의 부속기기가 있다.

2장 유압의 기초지식

2·1 유체의 정의 (Definition of Fluid)

물질은 액체(fluid)와 고체(solid)로 구분하며 액상(liquid)과 기상(gas)으로 구분되나 보통 액상을 액체, 기상을 기체라고도 한다. 유체역학에서는 마찰력(전단력)으로 발생되는 물질 입자의 상대변위의 크기와 흐름으로 고체와 유체를 분류한다. 즉, 고체는 마찰력(전단력)이 작용하면 비교적 작은 변형을 한 후 물질 내부의 응력(전단응력)이 외력과 평형을 이룬 상태에서 정지하지만 유체는 아무리 작은 전단력이라도 작용하면 변형을 일으키며 마찰력이 없어지지 않는 한 계속해서 변형한다. 따라서 유체의 정의는 다음과 같다.

"아무리 작은 마찰력(전단력)이라도 작용되면 쉽게, 연속적으로 변형하는 물질이다."

2·1·1 연속체 (continuum)

액체는 분자간의 응집력이 기체보다 커서 분자와 분자가 서로 연결되어 있으므로 하나의 연속물질로 취급하여 액체분자의 거동을 해석할 수 있지만 기체의 분자는 무질서한 운동을 하면서 분자 상호간에 또 용기의 벽면과 충돌한다. 이와 같이 분자운동을 하면서 기체 전체는 어떤 유동을 갖는데 대부분의 공학에서는 분자 개개의 운동보다는 유체 전체의 평균 거동을 해석한다. 즉, 유체를 하나의 등방성 질량체로 해석하여 연속체란 분자운동의 통계적 특성이 보존되는 경우이며 유체 분자 전체의 운동으로 인한 평균효과를 다루는 학문을 연속체라고 한다.

유체를 연속체로 취급할 수 있는 조건은 다음과 같다.

① 분자간의 거리 : 분자의 평균자유행로(molecular mean free path)가 문제의 대표길이 (용기의 치수, 관의 지름 등)에 비해 매우 작은 경우(1 [%]) 미만
② 충돌과 충돌사이에 소요되는 시간 : 충돌간의 시간이 충분히 짧은 경우

2·1·2 유체의 분류

(1) 압축성에 따른 분류

① 압축성 유체(compressible fluid) : 유체의 힘이 가해졌을 때 밀도, 온도 등의 변화를 쉽게 일으키는 유체(예 : 기체, 고속의 강제흐름)
② 비압축성 유체(incompressible fluid) : 유체의 힘이 가해졌을 때 밀도, 온도 등의 변화를 무시할 수 있는 유체(예 : 상온의 액체, 저속의 자유흐름)

🔍 물의 밀도가 $102\,[\mathrm{kg_f\,s^2/m^4}]$ 또는 비중량이 $1{,}000\,[\mathrm{kg_f/m^3}]$ 이라는 것은 상수이므로 비압축성이라는 것이고 압력이나 온도에 따라 값이 변하면 압축성 유체라고 생각하면 편리하다.

(2) 점성에 따른 분류

① 이상유체 : 점성이 없는 비압축성 유체로서 실제로는 존재하지 않는 유체이다.
② 비점성 유체 : 점성이 있는 유체로서 뉴턴유체는 점성에 일정한 유체를 말하며 비점성 유체는 점성이 일정하지 않는 유체이다.

🔍 이상유체와 이상기체는 정의상 전혀 다르므로 혼동하지 말기 바라며 이상유체는 다음에 언급하기로 한다.

2·1·3 단위와 차원(units and dimensions)

(1) 단 위

단위계에는 기본단위와 유도단위가 있으며 절대단위제와 공학단위제(중력단위제)로 구분된다.

① 기본단위 : 물리적 현상을 다루는 데 필요한 기본량, 즉 질량 또는 힘, 길이, 시간 등의 단위를 기본단위라고 하며 질량과 힘 중에서 질량을 기본단위로 택하는 경우를 절대단위제, 힘을 기본단위로 택하는 경우를 중력 단위제 또는 공학 단위제라고 한다.
② 유도단위 : 기본단위를 조합하여 만들어지는 모든 단위, 즉 면적, 속도, 밀도, 에너지 등의 단위는 유도단위이며 절대 단위제에서는 힘의 단위가 유도단위이고 중력 단위제에서는 질량이 유도단위로 된다.

표 2·1 기본단위와 유도단위

단위제	기본단위	유도단위
중 력	kg_f, m, s	$kg_f m$, kg_f/m^2 등
절 대	kg_m, m, s	N, Nm, N/m^2 등

※ 힘은 중력단위제에서는 단위가 kg_f로서 기본단위나 절대단위제에서는 $N = [kg_m \cdot m/s^2]$이므로 유도단위이다.

③ 조립단위 : 단위 사용을 편리하게 하기 위한 접두어

표 2·2 조립단위

10^{12}	T(tera)	10^{-2}	c(centi)
10^9	G(giga)	10^{-3}	m(milli)
10^6	M(mega)	10^{-6}	μ(micro)
10^3	k(kilo)	10^{-9}	n(nano)
10^2	h(hecto)	10^{-12}	p(pico)
10^1	da(deka)	10^{-15}	f(femto)
10^{-1}	d(deci)	10^{-18}	a(atto)

④ 그리스(희랍) 문자

그리스 문자		발 음	그리스 문자		발 음
A	α	Alpha	N	ν	Nu
B	β	Beta	Ξ	ξ	Xi
Γ	γ	Gamma	O	o	Omicron
Δ	δ	Delta	Π	π	Pi
E	ε	Epsilon	P	ρ	Rho
Z	ζ	Zeta	Σ	σ	Sgima
H	η	Eta	T	τ	Tau
Θ	θ	Theta	Υ	υ	Upsilon
I	ι	Iota	Φ	φ	Phi
K	κ	Kappa	X	χ	Chi
Λ	λ	Lambda	Ψ	ψ	Psi
M	μ	Mu	Ω	ω	Omega

(2) 단위계

① CGS 단위계 : 길이, 질량, 시간의 기본단위를 [cm], [gr], [sec]로 하여 물리량의 단위를 유도하는 단위계
② MKS 단위계 : 길이, 질량, 시간의 기본단위를 [m], [kg], [sec]로 하여 물리량의 단위를 유도하는 단위계

(3) 차 원

모든 물리적 현상은 길이, 시간, 질량 또는 기본량으로서 표시할 수 있는데 이 기본량의 조합을 차원이라고 하며 절대 단위제의 차원을 MLT, 중력단위제의 차원을 FLT로 표시한다.

① MLT계 차원 : 질량(M), 길이(L), 시간(T)을 기본차원으로 한다.
② FLT계 차원 : 힘(F), 길이(L), 시간(T)을 기본차원으로 한다.

표 2·3 각종 물리량의 차원

물리량 \ 차원	FLT계	MLT계	물리량 \ 차원	FLT계	MLT계
힘	F	MLT^{-2}	밀 도	$F^{-4}LT^{-2}$	ML^{-3}
길 이	L	L	운 동 량	FT	MLT^{-1}
질 량	$F^{-1}LT^2$	M	토 크	FL	MLT^{-2}
시 간	T	T	압 력	FL^{-2}	$M^{-1}LT^{-2}$
면 적	L^2	L^2	동 력	FLT^{-1}	$M^{-2}LT^{-3}$
속 도	LT^{-1}	LT^{-2}	점성계수	$F^{-2}LT$	$M^{-1}LT^{-1}$
각 속 도	T^{-1}	T^{-2}	동점성계수	L^2T^{-2}	L^2T^{-1}
비 중 량	FL^{-3}	$ML^{-2}T^{-2}$	에너지, 일	FL	ML^2T^{-2}

(4) 단위와 차원 연습

$[kg_f] \rightarrow [kg_m \frac{m}{s^2}]$, $[F] = [MLT^{-2}]$

$[kg_m] \rightarrow [kg_f \cdot \frac{s^2}{m}]$, $[M] = [FL^{-1}T^2]$

$[kg_f/m^2] = [kg_m \frac{m}{s^2}/m^2] \rightarrow [kg_m/s^2 m]$, $[FL^{-2}] = [ML^{-1}T^{-2}]$

$[m^3/kg_m = \frac{m^3}{kg_f} \frac{m}{s^2}]$, $[M^{-1}L^3] = [F^{-1}L^4T^{-2}]$

2·1·4 밀도, 비중량, 비체적, 비중

(1) 비중량(specific weight), [γ]

단위 체적이 갖는 유체의 중량을 비중량이라고 한다.

$$\gamma = \frac{W}{V} = \rho g$$

(W : 유체의 중량, g : 중력가속도)

$$\frac{kg_f}{m^3} = \frac{kg_m m}{s^2 m^3}$$

$$[FL^{-3}] = [ML^{-2}T^{-2}]$$

표준기압, 4 [°C]의 순수한 물의 비중량은 1,000 [kg_f/m^3] (9800 [N/m^3])이다.

(2) 밀도(density), [ρ]

단위 체적의 유체가 갖는 질량을 밀도라고 한다.

$$\rho = \frac{m}{V}$$

(m : 질량, V : 체적)

$$\frac{kg_m}{m^3} = \frac{kg_f \, s^2}{m \, m^3} = \frac{kg_f \, s^2}{m^4}$$

$$[ML^{-3}] = [FL^{-4}T^2]$$

물의 밀도를 기준으로 $102 \, [kg_f s^2/m^4] = 1000 \, [kg/m^3]$

(3) 비체적(specific volume), [v_s]

① 절대 단위제 : 단위 질량의 유체가 갖는 체적

$$v_s = \frac{V}{m} = \frac{1}{\rho}$$

② 중력 단위제 : 단위 중량의 유체가 갖는 체적

$$v_s = \frac{V}{m} = \frac{1}{\gamma}$$

단, 차원은 절대 단위제로 한다.

$$[M^{-1}L^3]$$

(4) 비중(specific gravity), [S]

같은 체적을 갖는 물의 질량(m_w) 또는 중량(W_w)에 대해 어떤 물질의 질량(m) 또는 중량(W)의 비를 말하며 무차원수(dimensionless number)이다.

$$S = \frac{m}{m_w} = \frac{W}{W_w} = \frac{\rho}{\rho_w} = \frac{\gamma}{\gamma_w} \cdots$$

p_w : 물의 밀도

r_w : 물의 비중량

$$\gamma = 1000\,S\,[\mathrm{kg_f/m^3}]\,\rho = 102\,S\,[\mathrm{kg\,s^2/m^4}]$$

2·1·5 점성 (viscosity)

유체입자와 입자 사이 혹은 유체와 고체면 사이에 상대운동이 생길 때 이 상대 운동을 방해하는 성질, 즉 상대운동을 유발하는 외력에 저항하는 전단력이 생기게 하는 성질을 점성이라고 한다.

점성은 인접한 유체층 사이에 상대운동이 존재할 때 분자간의 응집력과 분자의 운동에 기인하는데 액체의 경우는 분자간의 응집력, 기체의 경우는 분자의 운동이 주된 원인이 된다. 따라서 액체는 온도가 상승하면 점성이 감소하는 경향이 있으나 기체는 온도와 더불어 점성이 증가한다.

(1) Newton의 점성법칙

그림 2·1에서 두 평행한 평판 사이에 점성유체가 있을 때 이동평판에 수평력 F를 작용하여 속도 u로 운동시키면 힘 F는 이동평판의 면적 A와 이동평판의 속도 u에 비례하고 두 평판 사이에 수직거리 Δy에 반비례한다는 사실이 실험에 의하여 입증된다.

$$F \propto A \cdot \frac{u}{\Delta y}$$

식은 다음과 같이 쓸 수 있다.

$$F \propto A \cdot \frac{u}{\Delta y}$$

$$\tau = \frac{F}{A} = \mu \frac{u}{\Delta y}$$

μ : 절대점성계수(absolute viscosity)

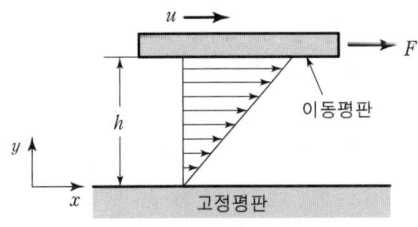

그림 2·1 Newton의 점성법칙

τ : 벽에서의 수직거리의 전단응력

$\dfrac{u}{\Delta y}$: 속도구배 또는 각 변형속도

즉, Newton의 점성법칙은 유체내에서 발생하는 전단응력은 점성계수에 비례하며 유체의 속도구배(각 변형속도)에 비례한다. 이 관계를 만족하며 점성계수가 상수인 유체이다.

뉴턴의 유체를 그림으로 표시하면 그림 2·2와 같다.

그러나 그림 2·2는 Δy가 극히 작을 때에 성립하며 실제 유체에서는 구배가 있음을 실험을 통해 알 수 있다.

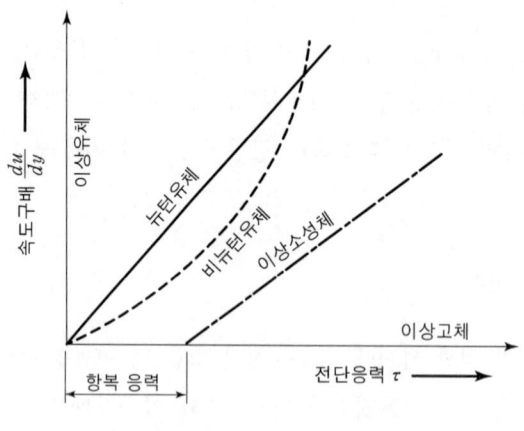

그림 2·2 유체의 종류

(2) 절대점성계수(absolute viscosity)의 차원과 단위

$\tau = \mu \dfrac{du}{dy}$ 에서 점성계수 μ 는

$$\mu = \dfrac{\tau}{(du/dy)}$$

따라서, 점성계의 차원은 다음과 같다.

● FLT계 차원

$$\mu = \dfrac{[FL^{-2}]}{[LT^{-1}]/[L]} = [FL^{-2}T]$$

● MLT계 차원

$$\mu = \dfrac{[ML^{-1}T^{-2}]}{[LT^{-1}]/[L]} = [ML^{-1}T^{-1}]$$

● 점성계수의 단위

① 중력(공학)단위 : $[kg_f \cdot sec/m^2]$, $[N \cdot sec/m^2]$, $[dyne \cdot sec/cm]$, $[lb_f \cdot sec/ft^2]$
② 절대단위 : $[kg/m \cdot sec]$, $[g/cm \cdot sec]$

이들 단위의 관계는 다음과 같다.

$$1\,[P] = 1\,[poise] = 1\,[dyne \cdot sec/cm^2] = 1\,[g/cm \cdot sec] = 100\,[cp]$$

$$1\,[kg_f \cdot sec/m^2] \fallingdotseq 98\,[poise]$$

$$1\,[N \cdot sec/m^3] \fallingdotseq 10\,[poise] = 1\,[kg/m \cdot sec]$$

$$1\,[lb_f \cdot sec/ft^2] \fallingdotseq 479\,[poise]$$

정리하면

$$1\,[kg_f s/m^2] = 9.8\,[Ns/m^2] = 98\,[dyne \cdot s/cm^2] = 98P = 980P$$

(3) 동점성계수(kinematic viscosity), [ν]

점성계수를 그 유체의 밀도로 나눈 값의 차원은 운동학적 차원을 가지므로 동점성계수라고 한다.

$$\nu = \frac{\mu}{\rho}$$

● 동점성계수의 차원

$$\nu = \frac{[ML^{-1}T^{-1}]}{[ML^{-3}]} = [L^2 T^{-1}]$$

질량이나 힘의 차원이 없이 길이의 차원과 시간의 차원이 조합된 유도차원이므로 FLT계나 MLT계 차원이 모두 $[L^2 T^{-1}]$로서 같다.

● 동점계수의 단위

$$[m^2/sec], [ft^2/sec], [cm^2/sec]$$

이들 단위 사이의 관계는 다음과 같다.

$$1\,[m^2/sec] = 1\,[R]\,(Reynold) = 10^4\,[stokes]$$

$$1\,[cm^2/sec] = 1\,[stokes] = 100\,[cst]$$

$$1\,[\text{ft}^2/\text{sec}] = 929\,[\text{stokes}]$$

정리하면

$$1\,[\text{m}^2/\text{s}] = 10^4\,[\text{cm}^2/\text{s}] = 10^4\,[\text{stokes}](\text{st}) = 10^6\,[\text{cst}]$$

2·1·6 Newton 유체와 비 Newton 유체

(1) Newton 유체

Newton의 점성법칙을 만족시키며 유체로서 점성계수가 압력의 영향을 무시할 수 있는 정도이며 속도구배와는 무관하다. 실험에 의하면 모든 기체와 분자량이 작은 대부분의 액체는 여기에 속한다. 단, 온도의 영향은 많이 받는다.

(2) 비 Newton 유체

Newton의 점성법칙을 만족하지 않는 유체로서 점성특성에 따라 여러 가지가 있으나 대표적인 것은 다음과 같다.

● 이상소성 유체(ideal plastic)

$$\tau = (\mu + \eta)\frac{du}{dy}$$

Bingham 유체라고 하며 전단응력이 항복응력전단응력보다 작을 때는 강체처럼 변형하지 않으나 전단응력이 크면 Newton 유체와 같이 유동하는 유체이며 η는 와점성계수(eddy viscosity)로서 난류의 정도와 유체 밀도에 의해 결정된다(예 : 기름, 페인트, 치약).

● 전단박판 유체(shear thinning fluid)

$$\tau = \mu\left(\frac{du}{dy}\right)^n,\ n<1$$

전단박판 유체(shear-thinning fluid)라고도 하며 고분자 및 펄프용액이 여기에 속한다.

● 전단후판 유체(shear thickening fluid)

$$\tau = \mu\left(\frac{du}{dy}\right)^n,\ n>1$$

수지, 고온유리, 아스팔트 등이 여기에 속하며 dilatant 유체라고 한다.

(3) Pascal의 유압장치

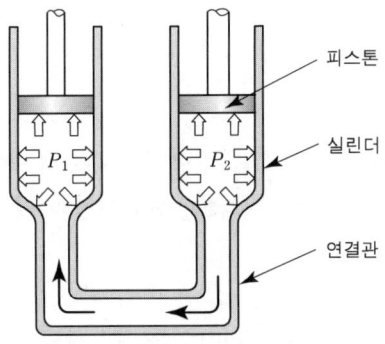

그림 2·3 유압의 원리

파스칼(Pascal)의 유압장치는 밀폐된 정지유체속의 압력이 전부분에서 동일하다는 파스칼의 유압법칙을 이용한 것으로 유체가 비압축성이라면 $P_1 = P_2$이다.

즉, $\dfrac{F_1}{A_1} = \dfrac{F_2}{A_2}$ 이다.

2·2 유체운동학

2·2·1 유체운동

(1) 정상류와 비정상류

① 정상류(steady flow) : 어느 한 점에서 시간에 대한 유동특성의 변화량이 없는 흐름을 정상류라고 하며 다음 조건을 만족한다.

$$\frac{\partial P}{\partial t} = 0, \ \frac{\partial \rho}{\partial t} = 0, \ \frac{\partial T}{\partial t} = 0, \ \frac{\partial u}{\partial t} = 0$$

$$P(t) = c, \ \rho(t) = c, \ T(t) = c, \ u(t) = c$$

② 비정상류(unsteady flow) : 어느 한 점에서의 시간에 대한 유동특성이 변화하는 흐름을 비정상류라고 한다.

$$\frac{\partial P}{\partial t} \neq 0, \ \frac{\partial \rho}{\partial t} \neq 0 \ \frac{\partial T}{\partial t} \neq 0, \ \frac{\partial u}{\partial t} \neq 0$$

$$P(t) \neq c,\ \rho(t) \neq c,\ T(t) \neq c,\ u(t) \neq c$$
P : 압력, ρ : 밀도, T : 온도, u : 속도, t : 시간

(2) 등류와 변류

① 등류(uniform flow) : 주어진 영역하에서 거리에 대한 속도의 변화량이 없는 경우의 흐름을 등류 또는 균속도 흐름이라고 하며 다음과 같이 표현한다.

$$\frac{\partial v}{\partial s} = 0,\ v(s) = c$$

② 비균속도 운동(nonuniform flow) : 한 유동장의 주어진 영역 하에서 거리에 대한 속도의 변화량이 있는 경우의 흐름을 비등류 또는 변류라고 하며 다음과 같이 표현한다.

$$\frac{\partial v}{\partial s} \neq 0,\ v(s) \neq c$$

정리하면 다음과 같다.

① 비정상 비균속도 유동 $\frac{\partial u}{\partial s} = 0,\ \frac{\partial u}{\partial t} \neq 0$

② 정상 비균속도 유동 $\frac{\partial u}{\partial s} = 0,\ \frac{\partial u}{\partial t} = 0,$

③ 비정상 비균속도 유동 $\frac{\partial u}{\partial s} \neq 0,\ \frac{\partial u}{\partial t} \neq 0$

④ 정상 비균속도 유동 $\frac{\partial u}{\partial s} \neq 0,\ \frac{\partial u}{\partial t} = 0$

여기서 s는 거리의 좌표 t는 시간이다.

(3) 층류와 난류

① 층류(laminar flow) : 유체가 그 분자의 응집을 풀고 유체입자들이 층상을 이루면서 미끄러지는 운동을 층류라고 하며, 이웃하는 층 사이에 분자의 교환은 있으나 유체의 큰 입자가 서로 교환되지는 않는다. Newton 유체가 층류로 흐를 때는 Newton의 점성법칙을 만족하며 이 흐름에서는 점성력이 난류에 비해 크게 작용한다. 원관에서는 레이놀즈 수 (Re)가 2,100 이하이다.

② 난류(turbulent flow) : 유체입자들이 불규칙한 경로를 따라 회전하면서 불규칙하게 흐르는 흐름을 난류라고 하며, 유동속도가 불규칙하다. 원관에서는 레이놀즈 수(Re)가 4,000 이상이다. 난류에서의 점성법칙은 다음과 같이 표시된다.

$$\tau = (\mu + \eta)\frac{du}{dy}$$

η : 와점성계수(난류도와 유체밀도에 의해 결정되며 일반적으로 점성계수보다 크다)

u : 평균속도

③ 천이유동(transition flow) : 층류로부터 난류로 성장되는 유동상태를 말하며, 이 유동은 층류와 난류의 사이의 유동상태이다.

2·2·2 1차원, 2차원, 3차원 유동

(1) 1차원 유동 (one dimensional flow)

모든 물성과 유동특성(밀도, 압력, 온도, 속도 등)이 하나의 공간좌표(x 좌표)와 시간의 함수로 표시될 수 있는 유동을 1차원 유동이라고 한다.

> 예 원관이나 임의 단면의 폐수로에서 물성과 유동특성은 각 단면에서의 평균값으로 균일하게 분포되었다고 가정하는 경우의 흐름

🔍 평균값으로 중앙에서와 벽면에서의 속도가 같을 때는 평균값이므로 1차원 유동이다.

(2) 2차원 유동 (two dimensional flow)

모든 물성과 유동특성이 2개의 공간좌표(x, y좌표)와 시간의 함수로 표시될 수 있는 유동을 2차원 유동이라고 한다.

> 예 ① 단면이 일정하고 길이가 무한히 긴 날개 주위의 운동
> ② 길이가 무한히 길고 단면이 일정한 댐(dam) 위를 넘쳐 흐르는 흐름
> ③ 두 평행 평판사이의 점성유동(물성의 유동특성을 평균값으로 생각하지 않는 경우)

(3) 3차원 유동 (three dimensional flow)

모든 물성과 유동특성이 3개의 공간좌표(x, y, z 좌표)와 시간의 함수로 표시될 수 있는 유동을 3차원 유동이라고 한다.

> 예 ① 관류입구 근방에서의 유동
> ② 유한한 길이를 갖는 날개의 끝 부근의 유동
> ③ 원관 내의 점성유동

2·2·3 유선과 유적선

(1) 유선 (streamline)

유동장에서 어느 한 순간에 각 점에서의 속도방향과 접선방향이 일치하는 연속적인 가상곡선을 유선이라고 한다.

유선의 정의로부터 유선의 방정식은 다음과 같이 쓸 수 있다.

$$\vec{u} \times \vec{ds} = 0$$

$\vec{u}$: 속도벡터

$\vec{ds}$: 유선 방향의 미소변위벡터

또는

$$(u_x\vec{i} + u_y\vec{j} + u_z\vec{k}) \times (dx\vec{i} + dy\vec{j} + dz\vec{k}) = 0$$

즉

$$\frac{dx}{u_x} = \frac{dy}{u_y} = \frac{dz}{u_z}$$

(2) 유관 (stream tube)

유동장 속에서 폐곡선을 통과하는 유선들에 의해 형성되는 공간을 유관이라고 하며, 유관은 지나는 관이므로 유선관이라고 하며 유관에 직각 방향의 유동성분은 없다.

(3) 유적선 (path line)

일정한 기간 내에 유체분자가 흘러간 경로 또는 자취를 유적선이라고 하며 정상류에서의 유선은 시간이 경과하더라도 변하지 않으며 유적선(path line)과 일치하고 비정상류에서는 유선의 모양이 시간이 경과함에 따라 변화한다. 정상류인 경우는 유선과 일치한다.

그러므로 비정상류에서는 유선과 유적선은 일치하지 않는다.

(4) 유맥선 (streak line)

유동장내의 어느 점을 통과하는 모든 유체가 어느 순간에 점유하는 위치, 즉 유체의 순간 체적을 나타내는 선을 유맥선이라고 한다.

2·2·4 연속 방정식 (continuity equation)

(1) 질량보존의 법칙

흐르는 유체의 질량보존의 법칙을 적용하여 얻은 방정식을 연속 방정식이라고 한다.

(2) 1차원 정상류의 연속 방정식

그림 2·4에서 질량보존의 법칙을 적용하면 정상류이므로 단면 ①과 ② 사이의 질량은 일정하게 유지되어야 한다.

따라서 단위 시간에 단면 ①을 들어가는 질량과 단면 ②를 통해 나가는 질량은 단위로는 $[\mathrm{kg_m/s}]$이며 $\rho A V$가 일정하다.

$$\rho_1 A_1 V_1 = \rho_2 A_2 V_2$$

위 식을 1차원 정상류의 연속 방정식이라고 하며 다음과 같이 쓸 수 있다.

$$\rho A V = c$$

양변에 log를 취하면

$$\ln \rho + \ln A + \ln V = \ln C$$

이 식을 미분하면

$$\frac{d\rho}{\rho} + \frac{dA}{A} + \frac{dV}{V} = 0$$

● 질량유량 (mass flowrate), $[\mathrm{kg_m/s}]$

$$\dot{m} = \rho A V = \rho_1 A_1 V_1 = \rho_2 A_2 V_2$$

● 중량유량 (weight flowrate), $[\mathrm{kg_f/s}]$

$$\dot{G} = \gamma A V = \gamma_1 A_1 V_1 = \gamma_2 A_2 V_2$$

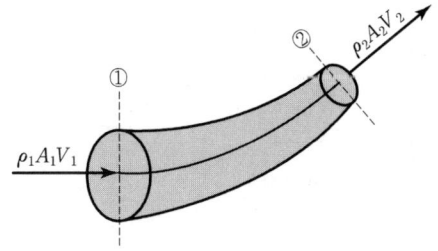

그림 2·4 원관 속의 흐름

● **체적유량**(volumetric flowrate), [m³/s]

비 압축성 유체일 경우는 $\rho_1 = \rho_2$, $\gamma_1 = \gamma_2$ 이므로

$$Q = AV = A_1 V_1 = A_2 V_2$$

정리하면 1차원 연속 방정식은 질량보존의 법칙에서 유도되며

$$Q = AV$$
$$\dot{m} = \rho AV$$
$$\dot{G} = \gamma AV$$

2·2·5 오일러(Euler)의 방정식

유선 또는 미소단면적의 유관을 따라 움직이는 비점성 유체요소에 Newton의 제2운동법칙을 적용하여 얻은 미분방정식을 오일러의 운동방정식이라고 한다.

그림 2·5에서 비정상류에 대한 운동방정식을 구하기 위해서 유선방향속도 V는 변위 s와 시간 t의 함수로 생각한다.

따라서

$$V = V(s, t) \tag{a}$$

$$dV = \frac{\partial V}{\partial s} ds + \frac{\partial V}{\partial t} dt \tag{b}$$

$$\frac{dV}{dt} = \frac{\partial V}{\partial s} \cdot \frac{\partial V}{\partial t} + \frac{\partial V}{\partial t} \tag{c}$$

또 유선방향의 가속도 a_s는 $\dfrac{dV}{dt}$ 이므로

$$a_s = \frac{dV}{dt} = \frac{\partial V}{\partial s} \cdot V + \frac{\partial V}{\partial t} \tag{d}$$

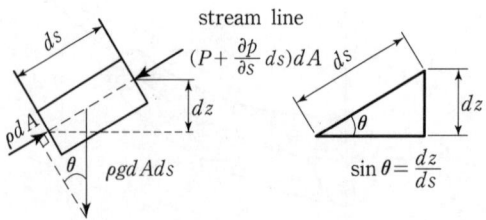

그림 2·5 오일러 방정식

그림 2·5에서 $\sum F_s = ma_s$를 적용하면

$$pdA - \left(p + \frac{\partial p}{\partial s}ds\right)dA - \rho g dA ds \sin\theta = \rho dA ds \left(\frac{\partial V}{\partial s} \cdot V + \frac{\partial V}{\partial t}\right)$$

$\sin\theta = \frac{\partial z}{\partial s} =$ 이고 양변을 $\rho \cdot dA \cdot ds$로 나누어 단위 질량의 유체에 대해 생각하면

$$V\frac{\partial V}{\partial s} + \frac{1}{\rho}\frac{\partial p}{\partial s} + g\frac{\partial z}{\partial s} = -\frac{\partial V}{\partial t} \tag{e}$$

위 식은 단위 질량의 비점성 유체에 관한 유선방향의 오일러의 운동 방정식이다.

유체가 정상류인 경우는 $\frac{\partial V}{\partial t} = 0$이고, 또 V, p, z 등이 s만의 함수이므로 위 식은 다음과 같이 쓸 수 있다.

$$V\frac{dV}{ds} + \frac{1}{\rho}\frac{dp}{ds} + g \cdot \frac{dz}{ds} = 0 \tag{f}$$

$d(V^2) = 2VdV$이고 양변에 $\frac{ds}{g}$를 곱하여 단위 중량의 유체에 대해 생각하면

$$\frac{d(V^2)}{2g} + \frac{1}{\rho}\frac{dp}{g} + dz = 0 \tag{g}$$

식 (g)은 단위 중량의 비점성 유체가 정상류로 흐를 때 유선 방향에 대한 오일러의 운동방정식이며 보통 다음과 같이 표현한다.

$$\frac{dP}{\rho g} + \frac{d(v^2)}{2g} + dz = 0 \tag{h}$$

2·2·6 베르누이의 방정식(Bernoulli's equation)

오일러의 운동방정식을 변위 s에 대해 적분한 것이 베르누이 방정식이다. 단위 중량의 비점성 유체에 대한 정상류의 오일러의 운동방정식(g)은 다음과 같다.

$$\frac{dP}{\rho g} + \frac{d(v^2)}{2g} + dz = 0$$

(1) 비압축성 유체인 경우

$\rho = $ const 이므로 위 식을 s에 대해 적분하면

$$\frac{P}{\gamma} + \frac{V^2}{2g} + Z = H \tag{i}$$

위 식을 비압축성 유체에 대한 베르누이의 방정식이라고 한다.

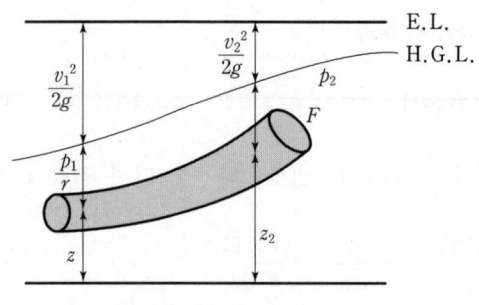

그림 2·6 원관 속의 수두

그림 2·6에서 식 (i)는 다음과 같이 쓸 수 있다.

$$\frac{P_1}{\gamma} + \frac{v_1^2}{2g} + z_1 = \frac{P_2}{\gamma} + \frac{v_2^2}{2g} + z_2$$

$\frac{P}{\gamma}$: 압력수두, $\frac{v^2}{2g}$: 속도수두

z : 위치수두, H : 전수두

① 에너지선(E.L) : 유동하는 유체의 각 위치에서 $\frac{p}{\gamma} + \frac{V^2}{2g} + z$ 를 연결한 선으로서 손실이 없으면 표면과 일치한다.

② 수력구배선(H.G.L) : 유동하는 유체의 각 위치에서 $\frac{p}{\gamma} + z$ 를 연결한 선으로서 유체의 유동은 수력구배선이 높은 곳에서 낮은 곳으로 이동한다.

(2) 압축성 유체인 경우

압축성 유체이면 ρ가 p의 함수이므로 식 (h)를 적분하면

$$\int \frac{dp}{\rho g} + \frac{V^2}{2g} + Z = \text{const}$$

이 식이 압축성 유체에 대한 베르누이 방정식이다.

2·3 역적-운동량의 원리

2·3·1 역적과 운동량

(1) 운동량(momentum)

질량 m인 물체가 속도 V로 운동할 때 $m \cdot V$를 운동량이라고 한다.

(2) 운동량의 법칙

Newton의 제2운동법칙에 의하면 물체에 작용한 외력의 힘은 그 물체의 시간에 대한 운동량의 변화율과 같다.

$$\sum F = \frac{d}{dt}(m \cdot V) \tag{j}$$

또는

$$\sum F \cdot dt = d(m \cdot V) \tag{k}$$

F, V : 힘 벡터 및 속도벡터

$\sum F \cdot dt$: 역적(impulse)

식 (k)를 시간에 대해 적분하면

$$\sum F \cdot t = m(V_2 - V_1) \tag{l}$$

식 (l)을 운동량 방정식(momentum equation)이라고 한다.

(3) 곡관 속의 1차원 정상류에 대한 운동량 방정식

그림 2·7에서 어느 순간에 단면 1에 있던 유체가 dt시간 후에 단면 2로 이동하였다면 dt 시간동안의 운동량 변화는

(단면 1의 유체운동량) $\rho_1 Q V_1$

(단면 2의 유체운동량) $\rho_2 Q V_2$

따라서 역적-운동량의 원리를 적용하면

$$\begin{aligned}\sum F \cdot dt &= (A_2 V_2 \rho_2 dt) V_s - (A_1 V_1 \rho_1 dt) V_t \\ &= (Q_2 \rho_2 dt) V_2 - (Q_1 \rho_1 dt) V_1 \\ &= Q_2 \rho (V_2 - V_1) dt\end{aligned}$$

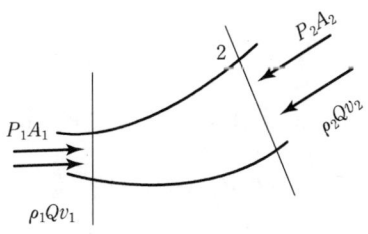

그림 2·7 곡관 속의 흐름

$$\Sigma F = Q\rho(V_2 - V_1) \tag{m}$$

식 (m)은 다음과 같이 scalar식으로 쓸 수 있다.

$$\left.\begin{array}{l}\Sigma F_x = \rho Q(V_{2x} - V_{1x}) \\ \Sigma F_y = \rho Q(V_{2y} - V_{1y}) \\ \Sigma F_z = \rho Q(V_{2z} - V_{1z})\end{array}\right\} \tag{n}$$

2·3·2 관에 작용하는 힘

(1) 직관의 경우

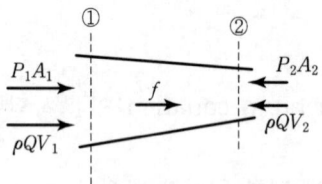

그림 2·8 직관 속의 흐름

그림 2·8과 같이 유체가 단면적이 변화하는 수평관속을 흐를 때 단면 사이에 있는 유체에 운동방정식을 적용하면

$\Sigma F_x = \rho Q(V_{2x} - V_{1x})$ 에서

$$f + P_1 A_1 - P_2 A_2 = \rho Q(V_1 - V_2)$$

$$\therefore f = \rho Q(V_2 - V_1) + P_2 A_2 - P_1 A_1$$

반력 R의 방향은 임의로 정한 후 계산 결과가 (+)값이면 그대로이고, (−)값이면 반대방향이다.

(2) 곡관의 경우

그림 2·9와 같이 유체가 곡관 속을 흐를 때 단면 사이의 유체의 운동량 방정식을 적용하면

$$P_1 A_1 - P_2 A_2 \cos\theta - F_x = \rho Q(V_2 \cos\theta - V_1)$$

$$\therefore F_x = P_1 A_1 - P_2 A_2 \cos\theta - \rho Q(V_2 \cos\theta - V_1)$$

$$F_y - W - P_2 A_2 \sin\theta = \rho Q(V_2 \sin\theta - 0)$$

$$\therefore F_y = W + P_2 A_2 \sin\theta + \rho Q \ V_2 \sin\theta - V_1$$

따라서 반력의 크기 R은

$$F = \sqrt{R_x^2 + R_y^2}$$

$$\alpha = \tan^{-1} \frac{F_y}{F_x}$$

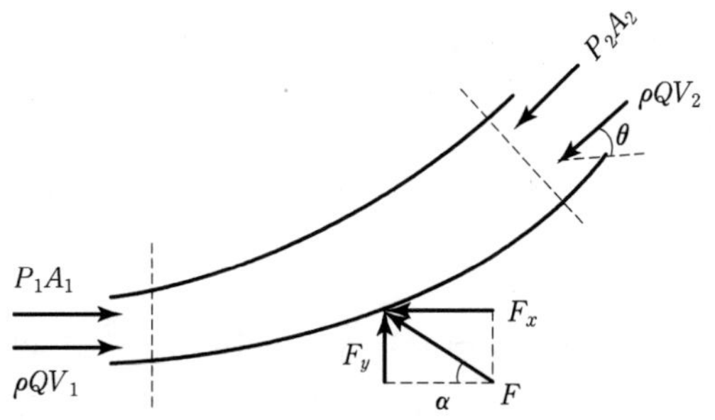

그림 2·9 곡관 속의 흐름

2·4 레이놀드수(Reynolds number)

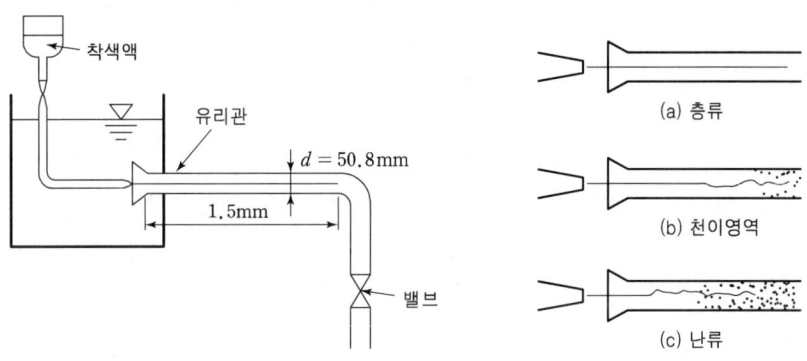

그림 2·10 레이놀드의 실험

 그림 2·10과 같이 실제유체의 유동상태는 두 가지의 아주 상이한 흐름인 층류와 난류로 구분되는데 이 구분의 척도를 레이놀드 수라고 한다.
 레이놀드 수는 층류와 난류를 구분하는 척도가 되는 무차원 수로서 직경이 일정한 수평원관 내의 유동에서는 다음과 같이 정의된다.

$$Re = \frac{\rho VD}{\mu} = \frac{VD}{\nu}$$

ρ : 유체의 밀도, μ : 유체의 점성계수

ν : 유체의 동점성계수, V : 유속

D : 관의 직경

즉, 레이놀드 수는 실제유체의 유동에 있어서 점성력과 관성력의 비를 나타낸다. 실험결과에 의하면 수평원관 내의 유동에서 층류와 난류는 다음과 같이 구분된다.

$Re < 2100$: 층류

$2100 < Re < 4000$: 천이영역

$Re > 4000$: 난류

$Re = 4000$: 상임계 레이놀드수(층류에서 난류로 변하는 레이놀드수)

$Re = 2100$: 하임계 레이놀드수(난류에서 층류로 변하는 레이놀드수)

2·5 원관 속의 층류

직경이 일정한 직관 속에서 정상류인 비압축성 유체의 층류 흐름에서의 유량과 평균속도를 구하기 위해서는 관의 단면적이 유동방향에 따라 일정하므로 속도가 일정하고 점성에 의한 마찰손실은 압력에너지와 위치에너지의 감소로 전환된다.

그림 2·11에서 유체의 운동량 변화는 없으므로 $[\rho Q(V_2 - V_1) = 0]$ 검사 체적 내의 유체에 작용하는 모든 외력의 유동방향성분은 0이다. 따라서 힘의 평형방정식을 적용하면

$$p\pi r^2 - (p + dp)\pi r^2 - 2\pi r dl \tau = 0$$

$$\tau = -\frac{r}{2}\frac{dp}{dl}$$

Newton의 점성법칙 $\tau = \mu \frac{du}{dy} = -\mu \frac{du}{dr}$ 를 위의 식에 대입하고 속도 u에 대해 정리하고 적분하면

$$u = -\frac{1}{4\mu}\frac{dp}{dl}(r_0^2 - r^2)$$

위 식이 원관속에서의 층류흐름 속도 분포식이다.

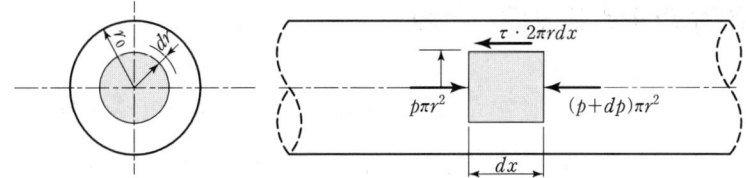

그림 2·11 수평원관 속에서의 층류유동

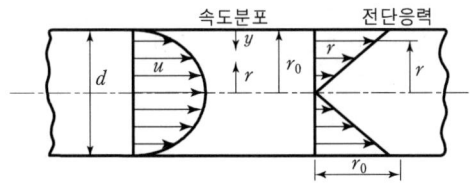

그림 2·12 속도분포와 전단응력분포

최대속도는 관의 중심($r=0$) 속도이므로

$$u_{max} = -\frac{r_0^2}{4\mu}\frac{dp}{dl}$$

그림 2·12에서 미소단면적을 통과하는 유량은

$$dQ = 2\pi r dr \cdot u$$

속도분포식을 위 식에 대입하고 원관의 단면적 전체에 대해 적분하면

$$Q = -\frac{\pi}{2\mu}\frac{dp}{dl}\int_0^{r_0}(r_0^2 - r^2)r dr = -\frac{\pi r_0^4}{8\mu}\frac{dp}{dl}$$

관의 길이 L에 대해 압력강하를 Δp라고 하면 $-\frac{dp}{dl} = \frac{\Delta p}{L}$이므로

$$Q = \frac{\pi r_0^4 \Delta p}{8\mu L} = \frac{\pi D^4 \Delta p}{128\mu L}$$

위 식을 하겐-포아젤(Hagen-Poiseuille)의 방정식이라고 한다.

또, 관속의 평균속도를 V라고 하면

$$V = \frac{Q}{\pi r_0^2} = \frac{r_0^2 \Delta p}{8\mu L} = \frac{1}{2}u_{max}$$

경사진 관로에서의 유량은 위치수두를 고려하여 다음과 같이 표현된다.

$$Q = -\frac{\pi r_0^4}{8\mu}\frac{d}{dl}(p + \gamma h)$$

2·6 원형관로에서의 압력 손실

그림 2·13과 같이 단면이 균일한 수평원관 속의 흐름에서 흐름이 충분히 발달한 정상류라고 하면 유체흐름 종류에 관계없이 관벽의 전단응력은 다음과 같다.

$$\tau = -\frac{dp}{dl} \cdot \frac{r_0}{2} = \frac{\Delta p}{L} \cdot \frac{r_0}{2}$$

양변을 동압으로 나누면 레이놀드수의 함수로 된다.
따라서 압력손실은

$$\Delta p = \frac{1}{2} f(Re) \frac{L}{r_0/2} \rho V^2$$

이 식을 손실수두 H_l로 나타내면

$$H_l = \frac{\Delta p}{\rho g} = \lambda \frac{L}{D} \frac{V^2}{2g} , \quad V = \frac{4Q}{\pi D^2}$$

이 식을 달시·바이스바하(Darcy–Weisbach)의 식이라고 하며 λ는 관마찰계수(pipe friction coefficient)이며 일반적으로 레이놀드 수와 상대조도의 함수이다.

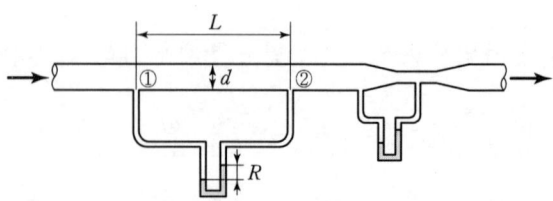

그림 2·13 원형관로의 압력손실

층류 흐름인 경우에는 Hagen–Poiseuille의 방정식이 성립하므로 압력손실은 다음 식으로 나타낼 수 있다.

$$\Delta p = \frac{128 \mu L Q}{\pi D^4}$$

이 식을 달시·바이스바하 식과 연립하면

$$\lambda = \frac{64}{Re}$$

연습문제

1. 유압기기는 어떤 원리를 이용한 것인가?
  ㉮ 보일의 법칙   ㉯ 아르키메데스의 원리
  ㉰ 베르누이의 정리   ㉱ 파스칼의 원리

2. 층류에서만 적용되는 압력손실 계산식은?
  ㉮ $\dfrac{32\mu VL}{D^3}$ ㉯ $\dfrac{32\mu VL}{D^2}$
  ㉰ $\dfrac{DVL}{32\mu}$ ㉱ $\dfrac{\mu VL}{32D}$

3. 레이놀즈 수를 맞게 표현한 식은?
  ㉮ $\dfrac{Vd}{\nu}$ ㉯ $\dfrac{VD}{\mu}$
  ㉰ $\dfrac{VD}{\mu\rho}$ ㉱ $\dfrac{\mu V}{D}$

4. 베르누이 정리에 포함되어 있는 에너지 수두가 아닌 것은?
  ㉮ 운동에너지   ㉯ 위치에너지
  ㉰ 압력에너지   ㉱ 전기에너지

5. 유압실린더에서 부하에 작용하는 힘 F는 몇 [kg$_f$]인가? (단, P는 압력이다)
  ㉮ $\dfrac{\pi D^2}{4}P$ ㉯ $\dfrac{\pi D^2}{4P}$
  ㉰ $\dfrac{4P}{\pi D^2}$ ㉱ $\dfrac{4}{\pi D^2 P}$

6. 다음 중 맞는 것은 어느 것인가?
  ㉮ 유체의 속도는 압력에 비례한다.
  ㉯ 유체의 속도는 압력과 관계없다.
  ㉰ 유체의 속도는 압력의 제곱의 비례한다.
  ㉱ 유체의 속도가 빠르면 압력이 작아진다.

---

1. 파스칼의 원리
정지유체내의 한 점에 가한 힘은 전부분에 같게 분포된다.
$P_1 = P_2 \quad \dfrac{F_1}{A_1} = \dfrac{F_2}{A_2}$

2. $\Delta P = \gamma f \dfrac{l}{D}\dfrac{v^2}{2g} = \sigma g \dfrac{64}{R_e}\dfrac{l}{D}\dfrac{v^2}{2g}$
$= \sigma \dfrac{v64}{vD}\dfrac{l}{D}\dfrac{v^2}{2} = \dfrac{32\mu vl}{D^2}$

3. 레이놀즈 수
$R_e = \dfrac{vd}{\nu} = \dfrac{\rho vd}{\mu}$

5. $F = PA = P\dfrac{\pi D^2}{4}$

6. 베르누이 방정식
$\left(\dfrac{P}{\gamma} + \dfrac{v^2}{2g} + z = H\right)$에 의해 속도가 빠르면 압력이 작아진다.

해답 1. ㉱   2. ㉯   3. ㉮   4. ㉱   5. ㉮   6. ㉱

7. 유압 배관의 직경이 80 [mm], 유량이 2 [m³/min]일 때 유속은 얼마인가? (m/s)
㉮ 3.1　㉯ 6.6　㉰ 10.1　㉱ 13.6

8. 다음 그림에서 F_1이 10 [kg$_f$], F_2가 100 [kg$_f$]일 때 $A_1 : A_2$는 얼마인가?

㉮ 1 : 5
㉯ 1 : 10
㉰ 5 : 1
㉱ 10 : 1

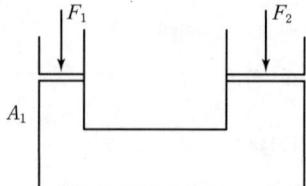

9. 어느 관 속에 압력이 70 [kg$_f$/cm²]이며, 출력이 7,000 [kg$_f$]이라면 이 관 밑면의 지름은 몇 [cm]인가?
㉮ 6.3　㉯ 11.3　㉰ 16.3　㉱ 21.3

10. 유관 속의 흐름을 정상류로 가정하면, 유량은 통과하는 관로의 면적이 변해도 유속과의 관계에서 일정하다는 것을 나타낸 것은?
㉮ 베르누이 정리　㉯ 파스칼의 원리
㉰ 뉴턴의 운동법칙　㉱ 연속 방정식

11. 유압장치의 기본원리는?
㉮ 베르누이 정리　㉯ 파스칼의 원리
㉰ 뉴턴의 운동법칙　㉱ 연속 방정식

12. 관로의 유량이 25 [m³/min], 내경 10.9 [cm]를 사용하면 관의 유속은 몇 [m/sec]인가?
㉮ 45　㉯ 52　㉰ 62　㉱ 72

13. 내경 16 [cm], 추력 5 [ton], 피스톤 속도 38 [m/min]인 유압실린더에서 필요로 하는 최소 유압은 몇 [kg$_f$/cm²]인가?
㉮ 25　㉯ 35　㉰ 45　㉱ 55

---

7. $Q = AV$
$V = \dfrac{Q}{A} = \dfrac{2 \times 4}{60 \times \pi \times 0.08^2}$
$= 6.63 \,[\text{m/s}]$

8. $\dfrac{F_1}{A_1} = \dfrac{F_2}{A_2}$
$F_1 : F_2 = A_1 : A_2 = 1 : 10$

9. $D = \sqrt{\dfrac{4F}{\pi P}} = \sqrt{\dfrac{4 \times 7000}{\pi \times 70}}$
$= 11.3$

10. 연속 방정식
$Q = A_1 V_1 = A_2 V_2$

12. $V = \dfrac{Q}{A} = \dfrac{25 \times 4}{60 \times \pi (10.9 \times 10^{-2})^2}$
$= 44.6 \,[\text{m/s}]$

13. $P = \dfrac{4F}{\pi D^2} = \dfrac{4 \times 5000}{\pi \times 16^2} = 25$

해답 7. ㉯　8. ㉯　9. ㉯　10. ㉱　11. ㉯　12. ㉮　13. ㉮

14. 직경이 30 [mm]의 관에 1.5 [m/sec]의 속도로 유체가 흐르고 있다. 유체의 동점성 계수는 0.6 [cm²/s]일 때 레이놀즈 수는?

   ㉮ 500   ㉯ 750   ㉰ 1000   ㉱ 1250

14. $R_e = \dfrac{vd}{\nu} = \dfrac{1.5 \times 0.03}{0.6 \times 10^{-4}} = 750$

15. 압력 손실을 줄일 수 있는 방안과 거리가 먼 것은?

   ㉮ 관 내부의 표면을 매끄럽게 한다.
   ㉯ 작동유의 흐름 속도를 줄인다.
   ㉰ 관 지름을 크게 한다.
   ㉱ 관의 길이를 길게 배관한다.

15. 관의 길이가 길면 손실이 증가한다.

16. 동점성 계수가 크고, 유속이 느리며, 직경이 작은 관에서 주로 형성되고, 유압회로의 흐름을 이것으로 볼 수 있다. 이 흐름의 R_e 수는 얼마인가?

   ㉮ 2,000 이하   ㉯ 2,000~4,00
   ㉰ 4,000~8×10⁴   ㉱ 8×10⁴ 이상

16. 원관 속의 층류 흐름은 R_e가 2,000 이하이다.

17. 일반적인 유압 회로 내를 흐르는 작동유의 가장 올바른 흐름 상태는?

   ㉮ 난류   ㉯ 층류
   ㉰ 천이영역   ㉱ R_e 수가 4000 이상의 흐름

17. 유압회로는 밀폐된 공간으로 해석하므로 층류의 흐름상태이다.

18. 베르누이 정리에서 $\dfrac{V^2}{2g}$의 항은 무슨 에너지 수두인가?

   ㉮ 압력수두   ㉯ 속도수두   ㉰ 위치수두   ㉱ 열수두

18. 압력수두 $= \dfrac{P}{\gamma}$
    속도수두 $= \dfrac{V^2}{2g}$
    위치수두 $= z$

19. 연속 방정식을 올바르게 표현한 것은?

   ㉮ $Q=AV$ ㉯ $A=QV$ ㉰ $V=QA$ ㉱ $QAV=C$

19. 질량유량 $\dot{m} = \rho AV$
    중량유량 $\dot{G} = \gamma AV$
    체적유량 $\dot{Q} = AV$
    를 1차원 연속 방정식이라 함.

20. 유압 작동 요소로만 구성된 항은?

   ㉮ 압력제어 밸브, 펌프, 동관
   ㉯ 실린더, 유압모터, 요동 엑추에이터
   ㉰ 펌프, 실린더, 전동기
   ㉱ 여과기, 방향제어밸브, 증압기

해답 14. ㉯ 15. ㉱ 16. ㉮ 17. ㉯ 18. ㉯ 19. ㉮ 20. ㉯

21. 압력 손실을 설명한 것 중 틀린 것은?
   ㉮ 관마찰 계수에 비례한다.
   ㉯ 관의 길이에 비례한다.
   ㉰ 속도와는 관련이 없다.
   ㉱ 관의 지름이 클수록 손실은 적다.

22. 정상 흐름에서 유체가 갖고 있는 에너지는 보존된다는 것을 설명한 것은?
   ㉮ 베르누이 정리   ㉯ 파스칼의 원리
   ㉰ 뉴턴의 운동법칙   ㉱ 연속방정식

23. 유압기기의 장점이 아닌 것은?
   ㉮ 직선, 회전 운동이 가능하다.
   ㉯ 무단 변속이 용이하다.
   ㉰ 작동체의 연속, 단속 운동이 용이하다.
   ㉱ 먼 거리까지 에너지 전달성이 우수하다.

---

21. $\Delta P = \gamma H$
$= \gamma f \dfrac{l}{d} \dfrac{V^2}{2g}$
속도의 제곱에 비례

22. 베르누이 방정식의 압력수두＋속도수두＋위치수두를 전수두라고 하며 에너지 선이라고도 함.

해답 21. ㉰ 22. ㉮ 23. ㉱

3장 유압시스템의 특징

동력전달 방식에는 유압, 전기, 공압 등의 여러 가지 방식이 있지만 각 방식마다 장단점을 충분히 고려하여 가장 적합한 방식을 선택해야 한다.

유압방식은 이들 방법 중 대동력의 전달에 적합하므로 주로 유압방식과 전기방식 혹은 공압을 조합하여 사용한다.

● 장 점
① 소형으로 대동력의 전달이 가능하며 전달의 응답이 빠르다.
② 출력의 크기와 속도를 무단으로 간단히 제어할 수 있다.
③ 자동제어, 원격제어가 가능하다.
④ 여러 가지 움직임을 동시에 일어나게 하거나 연속운동이 가능하다.
⑤ 과부하 안전장치가 간단하다.
⑥ 가동시의 관성이 작아 가동, 정지를 빠르게 할 수 있다.
⑦ 동력의 축척이 가능하다(어큐뮬레이터).

● 단 점
① 기름의 점도 변화시 출력부의 속도가 변하기 쉽다.
② 동력전달 효율이 나빠 손실동력이 크다.
③ 배관시 주의를 요한다.
④ 소음, 진동이 발생하기 쉽다.
⑤ 작동유의 선정시 주의해야 한다.

3·1 유압유

3·1·1 유압유의 역할

① 다양한 사용조건에서 동력을 정확하게 전달하여야 한다(동력 전달 작용).
② 요소의 운동부분에 대한 윤활작용이 좋아야 한다(윤활작용).
③ 유압장치에서 발생된 열을 방출하여야 한다(냉각작용).
④ 압력을 유지하도록 유압류는 쉽게 누설되지 않아야 한다(밀봉 작용).
⑤ 유압시스템 요소에 대한 방청성, 방식성이 좋아야 한다.

3·1·2 유압유의 조건

① 동력을 정확하게 전달하고 유압시스템의 성능이 최적인 상태로 운전될 수 있도록 적당한 점성(viscosity)을 갖추어야 한다.
② 온도의 변화에 따른 점성의 변화가 작아야 한다(점도지수가 커야 한다).
③ 유동점(pour point)이 낮아야 한다.
④ 요소의 운동을 원활하게 하기 위하여 윤활성(lubricity)이 좋아야 한다.
⑤ 동력의 전달이 정확하고 제어계에서 응답성을 좋게하기 위해서 압축성(compressibility)이 작아야 한다(체적 탄성계수가 커야 한다).
⑥ 장시간의 사용에 대하여 물리적·화학적 변화가 작아야 한다.
　즉, 열안정성(thermal stability), 전단안정성(shear stability), 산화안정성(oxidation stability) 등이 좋아야 한다.
⑦ 수분 등의 불순물과 분리성이 좋고 소포성이 좋아야 한다.
⑧ 방청·방식성이 좋아야 한다.
⑨ 화기에 쉽게 연소되지 않도록 내화성(耐火性)이 좋아야 한다(인화점, 연소점이 높아야 한다).
⑩ 발생된 열이 쉽게 방출될 수 있도록 열전달률이 높아야 한다.
⑪ 열에 의한 유압유의 체적변화가 크지 않도록 열팽창계수가 작아야 한다.
⑫ 값이 싸고 이용도가 높아야 한다.
　즉, 다시 말해서 유압유(작동유)로서 고려해야 할 사항은 밀도, 압축률, 점도, 유동점, 인화점, 소포성, 산가, 내유화성 등이다.

3·1·3 유압유의 종류

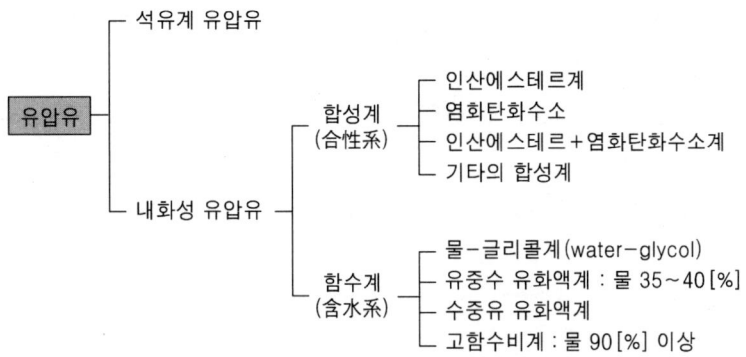

3·1·4 유압유의 성질

(1) 점 도

● 점도가 너무 높은 경우

① 유압유의 내부 마찰이 증대하고 온도가 상승한다.
② 에너지의 손실이 증대한다.
③ 관내 유동저항에 의한 압력이 상승한다.
④ 유압유의 유동성이 저하된다.
⑤ 기계효율이 저하한다.

● 점도가 너무 낮은 경우

① 유압유의 누설이 증가한다.
② 윤활유의 저하에 따라 마찰부분의 마모가 심해진다.
③ 유압펌프의 체적효율이 저하한다.
④ 필요한 압력의 발생이 곤란하므로 정확한 작동과 정밀한 제어가 어려워진다.

● 점도는 온도에 따른 영향이 크기 때문에 작동유의 적정온두는 $30[°C] \sim 55[°C]$이다.

(2) 점도지수

유압유의 온도 변화에 대한 점도변화의 비를 나타내는 값을 점도지수(VI)라 한다. 점도지수가 높다는 것은 온도 변화에 따른 점도 변화의 값이 작다는 것이다.

$$VI = \frac{L-U}{L-H} \times 100$$

L : 210[°F]에서 시료유와 같은 점도인 VI=0인 유압유(naphthen계 유)의 100[°F]에서의 점도(SSU)

H : 210[°F]에서 시료유와 같은 점도인 유압유(paraffin계 유)의 100[°F]에서의 점도(SSU)

U : 점도지수 VI를 구하기 위한 유압유의 100[°F]에서의 점도(SSU)

(3) 첨가제

① 점도지수 향상제 : 고분자 중합체
② 마찰방지제 : 에스테르류의 극성화합물
③ 산화방지제 : 이온화합물, 인산화합물, 아민 및 페놀화합물
④ 방청제 : 유기산에스테르, 지방산염, 유기인화합물
⑤ 소포제 : 실리콘유, 실리콘의 유기화합물
⑥ 유동점 강하제 : 파라핀, 유동점 강하제(결정의 성장방지)

3·1·5 점도의 측정방법

점성계수를 측정하는 점도계로는 스토크스 법칙을 기초로 한 낙구식 점도계, 하겐-포아젤의 법칙을 기초로 한 Ostwald 점도계와 세이볼트 점도계, 뉴턴의 점성법칙을 기초로 한 MacMichael 점도계와 Stomer 점도계 등이 있다.

3·1·6 윤활유

(1) 윤활유의 종류

● S.A.E 분류법

미국 자동차 공학협회(Society of Automotive Engineer)의 분류방법으로 분류번호가 클수록 점도가 커진다.

S.A.E(Society of Automotive Engineer) 분류 점도에 따른 분류
10, 20 ··· 점도가 묽은 오일(동계용)
30 ··· 춘추용
40 ··· 점도가 높은 오일(하계용)

(2) A.P.I 분류법과 S.A.E 신분류법

● 미국석유협회(American Petroleum Gas Institite)

구 분	S.A.E 신분류	A.P.I 구분류	사 용 도
가 솔 린	SA	ML	경하중,보통 운전조건
	SB	MM	중하중
	SC, SD	MS	가장 가혹한 조건시(중화중 고속회전)
디젤 기관	CA	DG	경부하 조건에 사용(유화분이 적은 연료)
	CB, CC	DM	중간부하
	CD	DS	가장 가혹한 조건시 사용(고온, 고부하, 장시간)

● 기타 용어(유압적용)

에어레이션 (airation)	공기가 유압유에 미세한 기포로 혼입되어 있는 상태
플레싱 (flashing)	작동유를 새로운 오일로 교환하는 작업
채 터 링	릴리이프 밸브 등으로 밸브시트를 두들겨서 비교적 높은 음을 발생시키는 일종의 자력진동(自力 振動)현상
점 핑	유량제어밸브(압력보상 붙이)에서 유체가 흐르기 시작할 때 유량이 과도적으로 설정값을 넘어서는 현상
정 격 압 력	연속하여 사용할 수 있는 최고 압력
정 격 유 량	일정한 조건하에서 정해진 보증 유량
유압(동력)원	▶
공기압(동력)원	▷
전 동 기	Ⓜ =
원 동 기	M =

3·2 유압펌프 (hydraulic pump)

3·2·1 유압펌프란?

전동기나 내연기관 등의 원동기로부터 공급받은 기계적 에너지(축토크)를 밀폐된 케이싱(casing)내에서 회전차(rotor)의 회전이나 실린더(cylinder) 내에서 피스톤의 왕복운동에 의해 기계적 에너지를 유압유의 압력에너지로 변환시키는 기능을 한다.

3·2·2 성능상의 분류

(1) 용적형 펌프(hydrostatics pump : 정적펌프)

입구부와 출구부가 분리되어 토출량이 일정하고 기계 제어에 이용된다. 즉, pump의 구동회전수에 결정하는 토출량이 부하 압력에 관계없이 일정하기 때문에 동력원으로 이용된다.

(2) 비용적형 펌프(hydrodynamics pump : 동적펌프)

입구부와 출구부가 통해있어 토출량이 변화하는 펌프로서 유체수송용으로 이용된다. 즉, 펌프의 구동회전수에 결정되는 토출량이 부하 압력에 따라 변한다.

(3) 펌프의 종류 구분

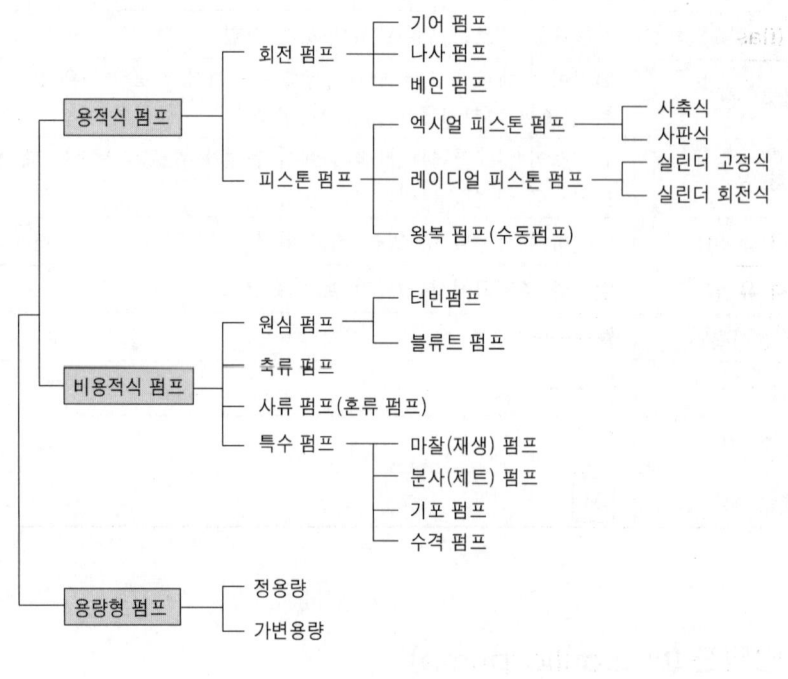

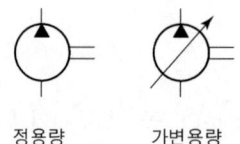

정용량 가변용량

3·2·3 용적식 펌프

(1) 기어펌프

● 특 징
① 장점 : 구조가 간단하고 운전보수가 용이하며 가격이 저렴하다.
② 단점 : 정토출량이며 저압·소토출량이다.

● 분 류
케이싱 안에서 물리는 두 개 이상의 기어에 의하여 액체를 흡입쪽으로부터 토출쪽으로 밀어내는 형식의 펌프이다.
① 내접형 : 펌프 케이싱 내에 한 쌍의 기어가 맞물려서 돌아갈 때 흡입구에서 흡입된 유체가 케이싱 내벽과 치골(齒骨) 사이의 용적의 이동에 의하여 유압유에 압력에너지를 주면서 송출구로 내보내는 펌프이다.
② 외접형 : 펌프 케이싱(casing) 내에 한 쌍의 기어가 맞물려서 돌아갈 때 흡입구에서 흡입된 유체가 케이싱 내벽과 치골(齒骨) 사이의 용적의 이동에 의하여 유압유에 압력에너지를 주면서 송출구로 내보내게 된다.

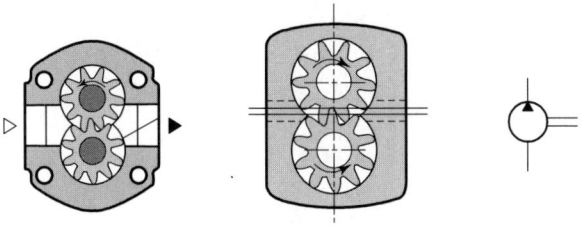

그림 3·1 기어 펌프

● 폐입현상

두 개의 이가 동시에 접촉하는 경우에 두 접 사이의 밀폐공간에 유체가 유입되고 밀폐된 공간은 흡입구나 송출구로 통하지 않으며 폐입된 유체의 압력이 밀폐용적의 변화에 의하여 변화하는데, 이러한 현상을 폐입현상(trapping)이라 한다. 폐입용적의 변화를 그대로 두면 유체의 압축, 팽창이 반복되고 압력의 변화에 의하여 베어링의 하중의 증대, 기어의 진동, 소음 등의 원인이 된다.
제거방법은 케이싱 측벽이나 측판에 릴리프 토출용 홈을 만들거나 전위기어를 사용한다.

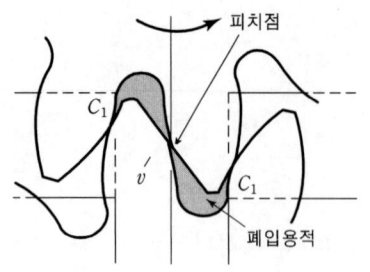 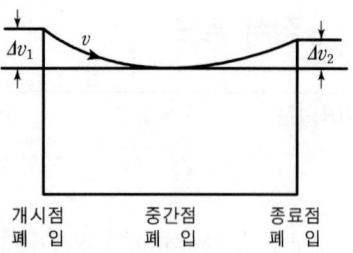

그림 3·2 폐입현상과 용적변화

● 기어펌프의 송출유량

외접현 기어 펌프의 1회전 토출유량(displacement)은 다음과 같다.

$$D_p = \frac{\pi}{4}(d_u{}^2 - d_d{}^2) \cdot b$$

여기에서

D_u : 이끝원의 지름

D_d : 이뿌리원의 지름

b : 기어 이의 폭

그러므로 단위시간당 이론적 송출량 Q_{th}은 다음과 같다.

$$Q_{th} = \frac{\pi(D_u{}^2 - D_d{}^2)}{4}bN$$

여기에서

$D\left(=\dfrac{D_u + D_d}{2}\right)$: 기어의 피치원지름

Z : 잇수

$m(=D/Z)$: 모듈(module)

이라 놓으면 다음과 같이 구할 수 있다.

$$Q_{th} = 2\pi m^2 ZbN \text{ (무부하유량)}$$

$$Q_{th} = 2\pi m^2 ZbN\eta \text{ (부하유량)}$$

공기 혼입	액체에 공기가 아주 작은 기포 상태로 섞여져 있는 현상 또는 섞여져 있는 상태	airation
공동 현상	유동하고 있는 액체의 압력이 국부적으로 저하되어, 포화 증기압 또는 공기 분리압에 달하여 증기를 발생시키거나 또는 용해 공기 등이 분리되어 기포를 일으키는 현상. 이것들이 흐르면서 터지게 되면 국부적으로 초고압이 생겨 소음 등을 발생시키는 경우가 많다.	cavitation

(2) 베인펌프

● 특 징

▶ 장 점
① 적당한 입력포트, 캠링을 사용하므로 송출 압력에 맥동이 작다.
② 펌프의 구동동력에 비하여 형상이 소형이다.
③ 베인의 선단이 마모되어도 압력저하가 일어나지 않는다.
④ 비교적 고장이 적고 보수가 용이하다.
⑤ 가변 토출량형으로 제작이 가능하다.

▶ 단 점
① 베인, 로더, 캠링 등이 접촉 활동을 하므로 공작 정도를 높게 해야 하고 좋은 재료를 선택할 필요가 있다.
② 사용 유압유의 점성계수, 청결도 등에 세심한 주의가 필요하다.
③ 부품수가 많고 가공도가 높아서 고가이다.
④ 베인과 캠링의 접촉으로 가공정도를 높게 하고, 양질의 재료를 선택해야 한다.

▶ 사용규격
① 압력 : 1단으로서 $70 \sim 140 \, [\text{kg}_f/\text{cm}^2]$
② 토출량 : $4 \sim 450 \, [l/\text{min}]$

● 분 류

▶ 로터 주위의 압력분포에 의한 분류
압력 평형형과 압력 비평형형으로 나뉜다.

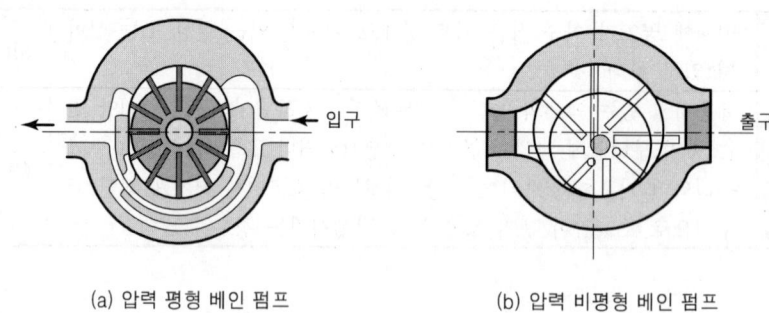

(a) 압력 평형 베인 펌프   (b) 압력 비평형 베인 펌프

그림 3·3 베인펌프

● 송출유량

▶ 비평형형 베인펌프

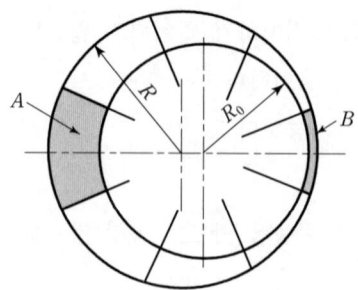

비평형형 베인펌프의 1회전당 배제 용적(V_{lk})은 다음과 같다.

$$V_{lk} = Z(V_A - V_B)$$

여기에서

Z : 깃의 수

V_A와 V_B : 캠링과 깃 사이의 배제되는 유체의 용적

그리고 V_A와 V_B는 다음과 같이 설계된다.

$$V_A = b\left[\frac{1}{Z}\{\pi(R+e) - \pi R_0^{\,2}\} - (R+e-R_0)t\right]$$

$$V_A = b\left[\frac{1}{Z}\{\pi(R-e)^2 - \pi R_0^{\,2}\} - (R-e-R_0)t\right]$$

여기에서

    R : 캠링의 내경에 대한 반지름

    R_0 : 로터의 반지름

    b : 로터의 폭

    e : 편심량

    t : 두께

간단하게 정리하면 배제 용적은 다음과 같다.

$$V_{lk} = 2eb(2\pi R - Z_t)$$

이때 이론송출량 (Q_{lk})은 다음과 같이 정리된다.

$$Q_{lk} = V_{lk} \cdot N = 2eb(2\pi R - Zt) \cdot N$$

위 식에서 $2R = D$라 하고 다시 정리하면 다음과 같다.

$$Q_{lk} = 2\pi DbeN$$

(3) 피스톤 펌프

● **특 징**

▶ 장 점

① 피스톤의 상하 운동에 의한 펌핑 작용으로 높은 압력을 발생한다.
② 가변 토출량형이며, 피스톤 수는 보통 9개 정도이다.
③ 고효율 (85~95 [%])을 낼 수 있고, 수명이 길고 소음이 작다.

▶ 단 점

구조가 복잡하여 제작단가가 높다.

▶ 사용규격

① 압력 : 140~350 [kg_f/cm^2]
② 토출량 : 2~1350 [l/min]

42 3장 유압시스템의 특징

● **분류**

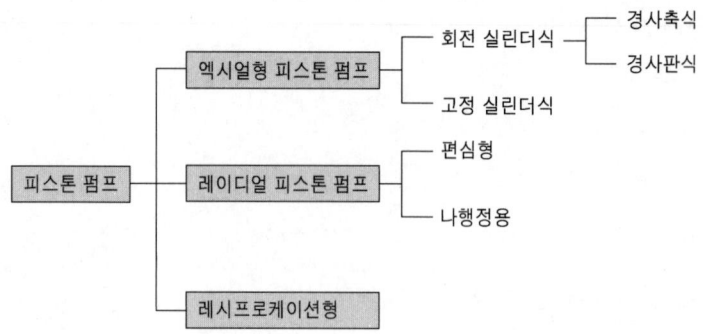

▶ 레이디얼 피스톤 펌프(radial piston pump)

① 실린더블록(cylinder block)의 회전, 비회전에 의한 분류 : 회전실린더형과 고정실린더형
② 배제용적의 가변기구의 유무에 의한 분류 : 정용량향과 가변용량형

▶ 엑시얼 피스톤 펌프(exial piston pump)

① 피스톤에 왕복운동을 주는 기구에 의한 분류 : 경사판식과 경사축식
② 배제용적의 가변기구의 유무에 의한 분류 : 정용량형과 가변용량형
③ 실린더의 회전, 비회전에 의한 분류 : 회전실린더형과 고정실린더형

● **레이디얼 피스톤 펌프**

로터가 축을 중심으로 회전하면서 그 반경방향으로 삽입된 플런저(피스톤)가 왕복운동으로 펌핑 작용을 하며 회전 실린더식과 고정 실린더식이 있다.

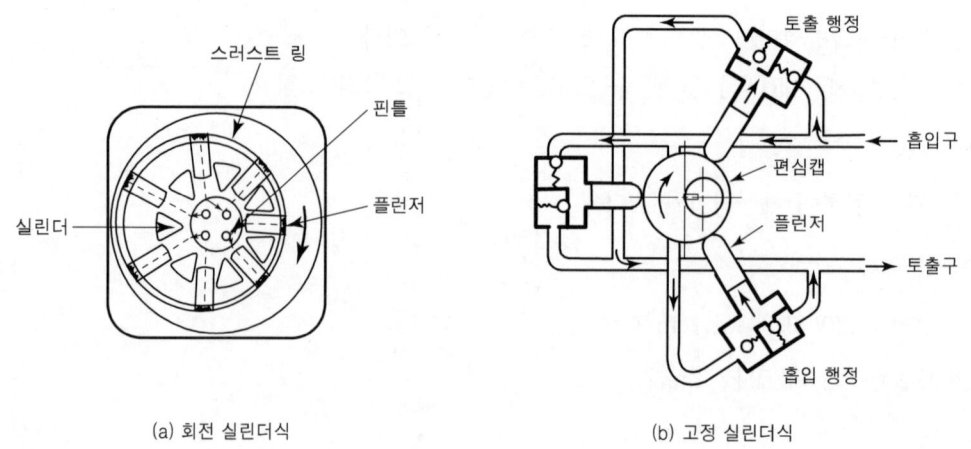

그림 3·4 레이디얼 피스톤 펌프

$$Q_{lk} = \frac{\pi d^2 neZ}{2} \ [\ cm^2/sec\ ]$$

● **엑시얼 피스톤 펌프**

여러 개의 피스톤이 동일원주상의 축방향에 평형하게 배열된 펌프이다.

$$Q_{lk} = \frac{\pi d^2 neZ}{2} \ [\ cm^2/sec\ ]$$

① 사축식 : 사축식 경사에 의하여 왕복운동이 일어난다.
② 사판식 : 사판캠의 경사각에 의하여 왕복운동을 하며 진동에 대한 안정성이 좋으나 사축식에 비해 구조가 복잡하다.

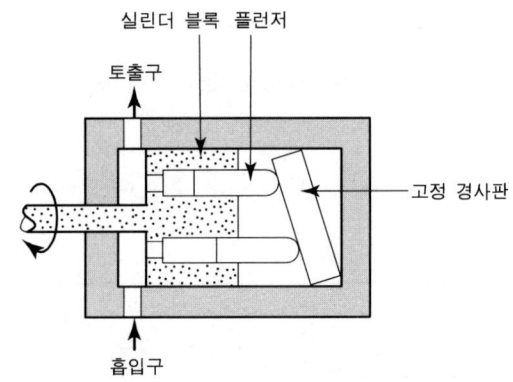

(a) 경사판식 플런저펌프

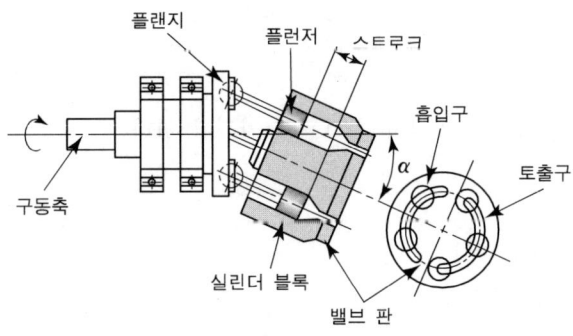

(b) 경사축식 플런저펌프

그림 3·5 엑시얼 피스톤 펌프

● 가변용량형 펌프, 모터의 제어방식

① 출력 일정 제어 방식 – 가장 많이 이용함
② 일정 압력 유지 제어 방식
③ 일정 유량 유지 제어 방식
④ 외부 파일럿 제어 방식
⑤ 전동 제어
⑥ 수동 제어
⑦ 기계식 제어

(4) 나사펌프

● 특 징

▶ 장 점

① 송출유가 연속 이송이 되어 진동이나 소음을 동반하지 않고 고속운동에서도 매우 조용하다(대용량에 적합).
② 나사가 맞물려 회전하면 유체를 폐입한 부분이 축방향으로 이동하면서 연속적으로 펌핑 작용을 한다.

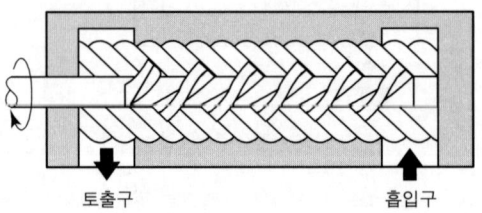

그림 3·6 나사펌프

▶ 단 점

축방향으로 하중이 걸리므로 설계시 추력을 고려해야 한다.

▶ 사용규격

① 최고압력 : 175 [kg_f/cm^2]
② 용량 : 2~900 [l/min]

● 송출유량

$$Q_{lk} = ApN$$

여기에서

   A : 송유단면적

   p : 나사의 피치

   N : 회전수

이다.

(5) 펌프의 연결방식

● **다단 펌프**

동일축상에 2개 펌프 작용 요소를 가지며, 제각기 독립하여 펌프작용을 하는 형식의 펌프로서 2개 이상의 펌프를 직렬로 연결하는 것으로 부하를 균일하게 할 때 사용한다.

● **다연 펌프**

2개 이상의 펌프를 동일축으로 구동시키며 각각이 독립된 펌프 작용을 하는 펌프에서 고압과 저압을 동시에 사용하고자 할 때 사용한다.

고압축에 R형 펌프 저압축에 기어 펌프를 조합시킨 고저압 2연 펌프이다.

● **복합 펌프**

동일 케이싱속에 2개 이상의 펌프의 작용 요소를 가지며, 부하의 상태에 따라서 각 요소의 운전을 상호 관련시켜 제어하는 기능을 가지는 펌프로서 부하의 상태에 따라 펌프를 운전한다.

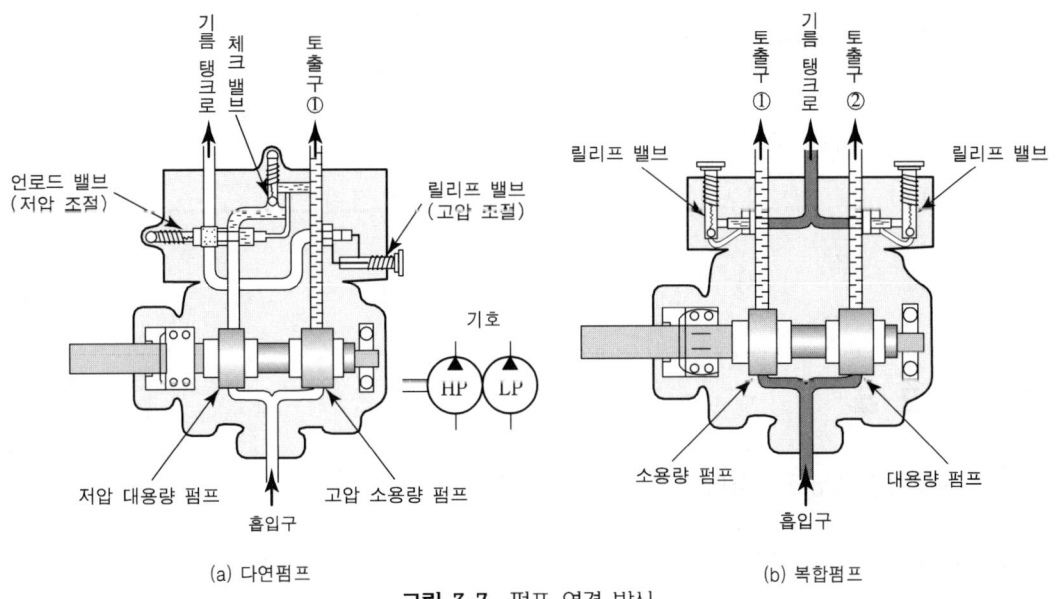

그림 3·7 펌프 연결 방식

3·3 동력과 효율

3·3·1 동력

● **축동력(Shaft power)**

유압펌프가 전동기로부터 받아들인 단위 시간당 기계적 에너지를 말한다.

● **유동력(Oil power)**

유압유가 유압펌프로부터 얻은 동력이다.

$$L_P = \rho Q \ [\text{kg}_f \ \text{m/sec}]$$

동력 : $\gamma QH \rightarrow 1HP = 75 \ [\text{kg}_f \ \text{m/s}]$

$$1 [\text{kW}] = 102 [\text{kg}_f \ \text{m/s}]$$

펌프동력 (L_P) : 실제로 펌프에서 기름에 전달되는 동력

$$L_P = \frac{PQ_a}{75} \ [\text{ps}] = \frac{PQ_a}{102} \ [\text{kW}]$$

P : 실제 송출 압력 $[\text{kg}_f/\text{m}^2]$

Q_a : 실제 송출 유량 $[\text{m}^3/\text{s}]$

펌프 축동력 (L_s) : 펌프로 운전하는데 필요한 동력

$$L_P = \frac{PQ_a}{75 \eta} \ [\text{ps}] = \frac{PQ_a}{102 \eta} \ [\text{kW}]$$

이론동력 (L_{th}) : 펌프내부의 누설손실이 전혀 없을 때의 동력

$$L_{th} = \frac{PQ_{th}}{75} \ [\text{ps}] = \frac{PQ_{th}}{102} \ [\text{kW}]$$

3·3·2 효율

(1) 체적 효율(Volumetric efficiency)

유압펌프로 유입되는 이론적 유량과 펌프로부터 송출되는 실제유량의 비를 말한다.

$$\eta_v = \frac{Q}{Q_{th}} = 1 - \frac{\Delta Q}{Q_{th}}$$

$$\Delta Q = C_s V_{th} \frac{\Delta p}{\mu}$$

C_s : 무차원의 누설 계수

(2) 토크 효율(Torque efficiency)

유압펌프의 축이 작용하는 이론적 토크와 실제로 작용하는 토크와의 비를 말한다.

$$\eta_T = \frac{T_{th}}{T} = \frac{T_{th}}{T_{th} + \Delta T}$$

(3) 기계 효율(Mechanical efficiency)

축동력과 이론동력의 비이다.

$$\eta_m = \frac{L_{th}}{L}$$

$$\eta_m = \frac{L_{th}}{L} = \frac{T_{th}}{T} = \eta_m$$

(4) 전 효율(Total efficiency)

유압펌프가 축을 통하여 받은 축동력과 유압유에 준 유동력의 비이다.

$$\eta = \frac{L_o}{L}$$

$$\eta = \eta_v \, \eta_T = \eta_p \, \eta_m$$

3·4 유압펌프의 고장원인

(1) 펌프에서 유압유가 나오지 않는 경우

① 펌프의 회전방향과 원동기의 회전방향이 다른 경우
② 유압유가 탱크내에서 유면이 기준 이하로 내려가 있는 경우
③ 흡입관이 막히거나 공기가 흡입되고 있는 경우

④ 펌프의 회전수가 너무 작은 경우
⑤ 유압유의 점도가 너무 큰 경우
⑥ 여과기(strainer)가 막혀 있는 경우

(2) 설정된 압력이 형성되지 않는 경우

① 릴리프 밸브의 설정압이 잘못되었거나 작동불량인 경우
② 유압회로 중 실린더 및 밸브에서 누설이 되고 있는 경우
③ 펌프 내부의 고장에 의해 압력이 새고 있는 경우

(3) 펌프가 소음을 내는 경우

① 펌프의 회전이 너무 빠른 경우
② 유압유의 점도가 너무 큰 경우
③ 여과기가 너무 작은 경우
④ 흡입관이 막혀있는 경우
⑤ 유중에 기포가 있는 경우
⑥ 흡입관의 접합부에서 공기를 빨아들이는 경우
⑦ 펌프축과 원동기축의 중심이 맞지 않는 경우

(4) 펌프의 외부로 유압유가 누설되는 경우

① 실(seal)과 패킹(packing)이 마모 또는 파손된 경우
② 펌프 접합부의 볼트가 풀려진 경우

3·5 유압펌프의 소음 절감방법

① 펌프 내부의 급격한 압력 변화를 주지 않는다.
② 맥동을 흡수하기 위해 펌프출구에 머플러를 설치한다.
③ 방진고무를 설치한다.
④ 송출 관로의 일부에 고무호스를 설치한다.
⑤ 공동 현상이 일어나지 않도록 한다.

3·6 기타 용어

① 유효 차압 : 입구축과 출구측의 압력차가 1기압일 때의 압력
② 토크 정수 : 유효 차압이 가해졌을 때 발생하는 출력 토크
③ 정격성능 : 심한 수명저하를 가져오지 않는 범위에서 연속 운전이 가능한 한계치

연습문제

1. 유압 작동유의 점도가 너무 작을 때 일어나는 현상이 아닌 것은?
   - ㉮ 펌프효율저하
   - ㉯ 누설증가
   - ㉰ 시동저항증가
   - ㉱ 압력저하

2. 작동유의 구비조건이 아닌 것은?
   - ㉮ 점도지수가 높을 것
   - ㉯ 산화안정성이 있을 것
   - ㉰ 항유화성이 없을 것
   - ㉱ 항착화성이 우수할 것

3. 작동유의 산화에 영향이 없는 것은?
   - ㉮ 기름의 조성
   - ㉯ 탱크의 크기
   - ㉰ 산소의 존재
   - ㉱ 압력과 온도

4. 유압작동유의 성질 중 가장 중요한 것은?
   - ㉮ 점도
   - ㉯ 습도
   - ㉰ 온도
   - ㉱ 비중

5. 작동유의 온도가 높아지면 일어나는 현상이 아닌 것은?
   - ㉮ 점도저하
   - ㉯ 밸브류의 기능저하
   - ㉰ 작동기의 출력저하
   - ㉱ 작동유의 누설저하

6. 윤활유 분류법에 속하지 않는 것은?
   - ㉮ SAE 분류
   - ㉯ SAE 신분류
   - ㉰ EIA 분류
   - ㉱ API 분류

7. 작동유의 구비조건 중 틀린 것은?
   - ㉮ 인화점이 높고, 온도변화에 대한 점도 변화가 적을 것

---

1. 점도가 높을 경우에는 유압유의 내부마찰이 증대하기 때문에 시동저항이 증가한다.

2. 작동유는 항유화성이 좋아야 한다.

3. 작동유 산화에 탱크의 크기는 관계없으며 기름의 조성과 산소압력과 온도에 관계함.

5. 작동유 온도 증가시 점도가 저하되며 누설이 증가할 수 있다.

해답 1. ㉰ 2. ㉰ 3. ㉯ 4. ㉮ 5. ㉱ 6. ㉰ 7. ㉰

㈎ 적당한 윤활성이 있고, 섭동부에 손상을 입히지 말 것
㈐ 물, 공기, 먼지 등과 잘 융화되어 침전물이 없을 것
㈑ 압축되기 힘들고 저온 고압에서 용이하게 유동될 것

8. 작동유의 적당한 작동온도는?
   ㈎ 10~30 [°C]   ㈏ 20~40 [°C]
   ㈐ 30~50 [°C]   ㈑ 40~60 [°C]

9. 작동유의 압력이 0에서 20 [kg$_f$/cm^2]까지 증가시켰을 때 체적이 0.15[%] 감소했다면 작동유의 압축률은 몇 [cm^2/kg$_f$]인가?
   ㈎ 6.5×10^{-5} ㈏ 7.5×10^{-5}
   ㈐ 8.5×10^{-5} ㈑ 9.5×10^{-5}

9. $\beta = \dfrac{\varepsilon_v}{\Delta P} = \dfrac{0.15}{20 \times 100}$
   $= 7.5 \times 10^{-5}$ [cm^2/kg$_f$]

10. 작동유의 압축률이 6.8×10^{-5} [cm^2/kg$_f$]일 때 압력을 0에서 300 [kg$_f$/cm^2]까지 압축하면 체적은 약 몇 [%]를 감소하는가?
    ㈎ 1   ㈏ 2   ㈐ 3   ㈑ 4

10. $\varepsilon_v = \beta \Delta P$
    $= 6.8 \times 10^{-5} \times 300$
    $= 2.04 \times 10^{-2} = 2.04\%$

11. 작동유의 구비조건 중 옳지 않은 것은?
    ㈎ 인화성이 낮을 것
    ㈏ 윤활성이 좋을 것
    ㈐ 방청성이 우수할 것
    ㈑ 화학적으로 인정되어 있을 것

11. 작동유는 발화점 및 인화점이 높아야 한다.

12. 유압유의 점도가 너무 높을시 장애가 아닌 것은?
    ㈎ 유온상승   ㈏ 동력발생감소
    ㈐ 압력상승   ㈑ 인화성이 낮아짐

12. 점도가 높으면 마찰이 심해져서 온도가 상승한다.

13. 점도 지수를 바르게 표시한 것은?
    ㈎ $\dfrac{L-U}{L-H} \times 100$ ㈏ $\dfrac{U-L}{H-L} \times 100$

해답 8. ㈐ 9. ㈏ 10. ㈏ 11. ㈎ 12. ㈑ 13. ㈎

㉯ $\dfrac{L+U}{L+H} \times 100$ ㉰ $\dfrac{L+H}{L-U} \times 100$

14. 작동유의 구비조건 중 틀린 것은?
    ㉮ 압축성이 적고 적당한 유동성이 있어야 한다.
    ㉯ 패킹 금속과의 적합성이 있어야 한다.
    ㉰ 체적 탄성계수가 작아야 한다.
    ㉱ 열을 방출할 수 있어야 한다.

14. 체적탄성계수 (k)
    $k = \dfrac{\Delta P}{\varepsilon_v} = \dfrac{1}{\beta}$
    작동유는 체적탄성계수가 커야 하며 압축률 (β)은 작아야 한다.

15. 기어 펌프에 있어서 밀폐(폐입)작용이 생기면 다음과 같이 된다. 틀린 것은?
    ㉮ 축동력 증가   ㉯ 토출량 감소
    ㉰ 전동 소음의 원인   ㉱ 기름 온도 하강

16. 사용압력이 210~350 $[\text{kg}_f/\text{cm}^2]$의 고압이면 주로 어떤 펌프가 사용되는가?
    ㉮ 기어 펌프   ㉯ 베인 펌프
    ㉰ 플런저 펌프   ㉱ 나사 펌프

16. 고압에 견딜 수 있는 구조는 플런저 펌프가 적합하다.

17. 다음 중 베인 펌프의 토출량 범위는 얼마인가 $(l/\min)$?
    ㉮ 2~950   ㉯ 5~110   ㉰ 5~400   ㉱ 2~2,000

18. 다음 중 기어펌프의 특징을 설명한 것으로 틀린 것은?
    ㉮ 고압의 기어펌프는 베어링 하중이 크다.
    ㉯ 구조상 일반적으로 가변 용량형이다.
    ㉰ 윤활유, 절삭유 등의 수송용으로 사용된다.
    ㉱ 외접식과 내접식이 있다.

19. 유압펌프에서 토출압 $P[\text{kg}_f/\text{cm}^2]$, $Q[\text{cm}^2/\text{sec}]$일 때, 펌프동력 L_p는 몇 [PS]인가?
    ㉮ $\dfrac{PQ}{4,500}$ ㉯ $\dfrac{PQ}{7,500}$ ㉰ $\dfrac{PQ}{10,200}$ ㉱ $\dfrac{PQ}{7,350}$

19. $P = P \times 10^4 [\text{kg}/\text{m}^2]$
    $Q = Q \times 10^{-6} [\text{m}^3/\text{s}]$
    $L_p = \dfrac{P \times 10^4 \times Q \times 10^{-6}}{75}$
    $= \dfrac{PQ}{7500}$

해답 14. ㉰   15. ㉱   16. ㉰   17. ㉰   18. ㉯   19. ㉯

20. 플런저 펌프의 장점 중 틀린 것은?
   ㉮ 높은 압력을 얻을 수 있다.
   ㉯ 송출압력의 맥동이 작다.
   ㉰ 정용량 펌프만 만들 수 있다.
   ㉱ 무단계로 송출량을 변화시킬 수 있다.

21. 유압 펌프의 장점에 관한 것이다. 틀린 것은?
   ㉮ 나사 펌프 : 운전이 동적이고, 내구성이 작다.
   ㉯ 기어 펌프 : 구조가 간단하고 소형이다.
   ㉰ 베인 펌프 : 장시간 사용해도 성능의 저하가 작다.
   ㉱ 플런저 펌프 : 고압에 적당하고 누설이 적어 효율이 높다.

   21. 나사 펌프는 진동이나 소음을 수반하지 않으며 고속운전에 적합하며 내구성이 크다.

22. 압력 $120[\text{kg}_f/\text{cm}^2]$, 유량 $15[l/\text{min}]$, 전효율 $80[\%]$인 유압펌프의 축동력 L_s는 몇 [kW]인가?
   ㉮ 3.7   ㉯ 5.8   ㉰ 7.3   ㉱ 9.1

   22. $L_s = \dfrac{PQ}{10.2\eta}$
   $= \dfrac{120 \times 10^4 \times 15 \times 10^{-3}}{102 \times \times 60 \times 0.8}$
   $= 3.7 [\text{kW}]$

23. 사판식 플런저 펌프에 대한 설명 중 관계없는 것은?
   ㉮ 구조가 간단하다.
   ㉯ 진동에 대한 안정성이 좋다.
   ㉰ 경사각이 커지면 밀폐현상이 생긴다.
   ㉱ 기름 유동이 양호하여 유동저항이 작다.

24. 베인 펌프의 특징에 관한 설명 중 틀린 것은?
   ㉮ 토출량의 변화는 편심량의 조절에 의해 가능하다.
   ㉯ 압력 비평식 베인 펌프가 압력 평형식 베인 펌프보다 베어링 하중이 크다.
   ㉰ 송출압력의 맥동이 크다.
   ㉱ 베인의 선단이 마멸되어도 압력이나 유량의 저하가 거의 없다.

   24. 베인펌프는 깃에 의해 유량을 유량을 토출하므로 맥동이 적다.

해답 20. ㉰   21. ㉮   22. ㉮   23. ㉮   24. ㉰

25. 펌프 토출압 85 [kg_f/cm^2], 토출량 25 [l/min]일 때, 펌프 동력은 몇 PS인가?
　㉮ 4.7　㉯ 5.7　㉰ 6.9　㉱ 8.1

26. 다음 중 가장 고압에 적합한 것은?
　㉮ 플런저 펌프　㉯ 나사 펌프
　㉰ 기어 펌프　㉱ 이모 펌프

27. 다음 중 나사 펌프에 대한 올바른 설명은?
　㉮ 마찰력이 크고, 효율이 높다.
　㉯ 축방향, 반경 방향의 부하에 대하여 평형이 어렵다.
　㉰ 가변 토출형이다.
　㉱ 운전음이 낮고 맥동이 적다.

28. 기어 펌프에서 밀폐(폐입)현상이 일어나면 생기는 현상은?
　㉮ 소음 진동 발생
　㉯ 토출량 증대
　㉰ 원활한 압력 및 토출량 유지
　㉱ 베어링의 하중 감소

29. 이모 펌프(IMO pump)는 어느 펌프에 속하는가?
　㉮ 기어 펌프　㉯ 플런저 펌프
　㉰ 베인 펌프　㉱ 나사 펌프

30. 나사 펌프에 대한 특징이 아닌 것은?
　㉮ 장기간 사용하여도 성능 저하가 작다.
　㉯ 내구성이 풍부하고 운전이 정숙하다.
　㉰ 저점도의 기름도 사용할 수 있다.
　㉱ 고압 대유량의 토출에 적합하다.

31. 장기간 사용하더라도 성능저하가 적은 펌프는?
　㉮ 기어 펌프　㉯ 베인 펌프
　㉰ 나사 펌프　㉱ 플런저 펌프

---

25. $H = \dfrac{PQ}{75}$
$= \dfrac{85 \times 10^4 \times 25 \times 10^{-3}}{75}$
$\times \dfrac{25 \times 10^{-3}}{60} = 4.72 \,[PS]$

26. 나사 펌프로서 유명한 것은 스웨덴의 IMO사가 개발한 이모(IMO) 펌프이다.

30. 나사 펌프는 토출흐름이 완전한 연속유로 되고 진동이나 소음을 수반하지 않아 고속 운전에 적합하다.
　　대용량 낮은 점도에서 사용시 적합하다. 단점으로는 축방향하중이 걸리므로 스러스트를 고려해야 한다.

해답　25. ㉮　26. ㉮　27. ㉱　28. ㉮　29. ㉱　30. ㉱　31. ㉰

32. 유압 장치 중 유압을 발생하는 장치는?
    ㉮ 유압모터　　　　㉯ 유압실린더
    ㉰ 요동 액추에이터　㉱ 유압 펌프

33. 베인 펌프의 특징 중 틀린 것은?
    ㉮ 동력이 경제적이다.
    ㉯ 압력 상승에 따라 자동적으로 유량이 변화한다.
    ㉰ 릴리프 밸브가 절대 필요하다.
    ㉱ 기름의 온도 상승을 억제할 수 있다.

34. 기어펌프의 밀폐(폐입)작용의 방지책으로 맞는 것은?
    ㉮ 토출 홈을 파 놓는다.
    ㉯ 전위기어로 설계하지 않는다.
    ㉰ 기어잇수를 많게 한다.
    ㉱ 기어의 미끄럼틀을 작게 한다.

35. 펌프에서 작동유가 나오지 않는 원인으로 볼 수 없는 것은?
    ㉮ 펌프 회전 방향과 전동기 회전 방향이 같다.
    ㉯ 펌프의 회전수가 너무 작다.
    ㉰ 여과기가 막혀 있다.
    ㉱ 흡입관의 접합부에서 공기를 빨아들인다.

36. 유압 펌프에서 압력이 형성되지 않는 주된 원인은?
    ㉮ 릴리프 밸브의 설정압이 잘못되었다.
    ㉯ 여과기가 너무 크다.
    ㉰ 공기가 흡입되어 있다.
    ㉱ 회전수가 너무 크다.

37. 정용량형 유압 펌프에서 소음, 진동이 심할 경우 예상되는 원인은?
    ㉮ 기포가 발생한다.　　㉯ 회전속도가 느리다.
    ㉰ 작동유의 점도가 작다. ㉱ 여과기다 너무 크다.

32. 구동기기(엑추에이터)에는 유압모터, 유압실린더, 요동 엑추에이터가 있으며 유압 펌프는 유압발생장치이다.

34. 폐입작용 방지책은 토출홈을 파거나 전위기어로 설계해야 한다.

35. 펌프가 기름을 토출하지 않는 이유
    ㉮ 펌프를 구동하는 원동기의 회전방향이 틀림
    ㉯ 기름의 흡입관이 막힐 시
    ㉰ 흡입계통에 공기 누입
    ㉱ 기름탱크속의 기름 부족 시

36. 펌프에서 압력이 형성되지 않는 이유
    ㉮ 릴리프 밸브가 고정되어 열려있거나 설정압이 너무 낮을 때
    ㉯ 실린더나 밸브에 유압유 누출시
    ㉰ 커버의 고정이 확실하지 않을 때

37. 소음 또는 진동수반의 원인
    ㉮ 흡입관이 막힐 때
    ㉯ 공기 누입시
    ㉰ 기름의 점도가 높을 시
    ㉱ 흡입기름속에 기포가 있을 시

답 32. ㉱ 33. ㉯ 34. ㉮ 35. ㉮ 36. ㉮ 37. ㉮

38. 유압 펌프의 고장이라 할 수 없는 것은?
  ㉮ 압력이 과다하다.
  ㉯ 소음이 크고 잡음이 있다.
  ㉰ 오일 누설이 있다.
  ㉱ 토출량, 토출압의 변화가 심하다.

39. 각도를 바꾸면 플런저의 행정거리가 변하는 펌프는?
  ㉮ 레이디얼 플런저 펌프   ㉯ 사판식 플런저 펌프
  ㉰ 사축식 플런저 펌프   ㉱ 모든 플런저 펌프

39. 사축식 플런저 펌프는 구동축과 실린더 블록축 사이각이 일정하면 정용량형 펌프 사이각이 달라지면 피스톤 행정이 변하므로 가변 용량형 펌프가 된다.

40. 유압 펌프의 크기를 표시하는 방법은?
  ㉮ 토출량, 토출압, 전동기 출력
  ㉯ 토출량, 중량, 전동기 출력
  ㉰ 토출량, 토출압, 토출속도
  ㉱ 중량, 진동량, 토출량

41. 유압 펌프의 종류가 아닌 것은?
  ㉮ 기어 펌프   ㉯ 베인 펌프
  ㉰ 분사 펌프   ㉱ 플런저 펌프

41. 유압 펌프는 용적식 펌프이어야 한다. 분사 펌프는 비용적식이다.

42. 유압 펌프가 갖추어야 할 조건 중 맞는 것은?
  ㉮ 토출량에 따라 맥동이 클 것
  ㉯ 토출량에 변화가 작을 것
  ㉰ 토출량에 따라 속도가 변할 것
  ㉱ 토출량에 따라 밀도가 클 것

43. 토출압 $40\,[\text{kg/cm}^2]$, 토출량 $48\,[l/\min]$, 회전수 $1,022\,[\text{rpm}]$의 펌프에서 소요 축동력이 $3.9\,[\text{kW}]$이면 전효율은 몇 [%]인가?
  ㉮ 60   ㉯ 70   ㉰ 80   ㉱ 90

43. $H = \dfrac{PQ}{102}$
$= \dfrac{40 \times 10^4 \times 48 \times 10^{-3}}{102 \times 60}$
$= 3.13\,[\text{kW}]$
$\eta = \dfrac{3.13}{3.9} \times 100 = 80\,[\%]$

답 38. ㉮ 39. ㉰ 40. ㉮ 41. ㉰ 42. ㉯ 43. ㉰

44. 유압 펌프의 전효율이 80[%], 펌프동력 40 PS일 때 소요 축동력은 몇 PS인가?
㉮ 32　　㉯ 40　　㉰ 50　　㉱ 62

44. $H = \dfrac{40}{\eta} = \dfrac{4.0}{0.8} = 50\,[\text{PS}]$

45. 가변 용량형 베인 펌프에서 캠링의 안지름이 50[mm], 로터의 바깥지름이 42[mm], 로터폭 15[mm], 편심량 3.5[mm], 회전수 1,800[rpm], 압력 70[kg$_f$/cm^2], 용적효율 93[%]일 때, 토출량은 몇 [l/min]인가?
㉮ 27.6　　㉯ 35.8　　㉰ 39.4　　㉱ 46.4

45. $Q = 2\pi Debn\eta_v$
$= 2\pi \times 50 \times 10^{-3} \times 3.5 \times 10^{-3}$
$\quad \times 15 \times 10^{-3} \times 1{,}800 \times 0.93$
$= 0.0276\,[\text{m}^3/\text{min}]$
$= 27.6\,[l/\text{min}]$

46. 윤활유와 같은 점성 액체에 사용되는 펌프는?
㉮ 기어 펌프　　㉯ 베인 펌프
㉰ 플런저 펌프　　㉱ 사판식 펌프

47. 복합 베인펌프의 연결방법은?
㉮ 두 개의 펌프 카트리지와 체크밸브를 구동축으로 연결
㉯ 두 개의 카트리지가 한 개의 본체 속에 병렬로 연결
㉰ 두 개의 카트리지가 한 개의 본체 속에 직렬로 연결
㉱ 두 개의 카트리지가 릴리프, 무부하, 체크 밸브를 본체 속에 넣어 구동축으로 작동

47. 복합 펌프는 2개 이상의 펌프를 동일축으로 구동하며 부하의 상태에 따라 펌프운전을 조절한다.

48. 플런저 펌프의 장점이 아닌 것은?
㉮ 토출량의 범위가 넓다.　　㉯ 높은 압력에 견딘다.
㉰ 효율이 양호하다.　　㉱ 토출압력 맥동이 적다.

48. 플런저 펌프는 고압을 발생하기 위해 직경에 비해 길이가 길고 축이 피스톤과 직경이 같은 펌프이다. 플런저 펌프는 높은 압력에 적합하나 맥동이 크다.

49. 회전형 펌프에 속하지 않는 것은?
㉮ 기어 펌프　　㉯ 축류 펌프
㉰ 베인 펌프　　㉱ 나사 펌프

50. 원통형 케이싱에 끼운 축이나 원통에 끼운 슬리브에 나사골을 만들어 회전시킴으로써 액체를 토출하는 펌프는?
㉮ 나사형 점성 펌프　　㉯ 와류 펌프
㉰ 워터 펌프　　㉱ 사축 펌프

해답
44. ㉰　45. ㉮　46. ㉮　47. ㉱　48. ㉱　49. ㉯　50. ㉮

51. 3개의 스크루 로터를 조합한 것으로, 저압용 연료 펌프에 이용되는 것은?
㉮ 베인 펌프　　㉯ 기어 펌프
㉰ 나사 펌프　　㉱ 플런저 펌프

52. 기어 펌프의 소음방지책으로 옳은 것은?
㉮ 토출구 가까이 홈을 판다.
㉯ 입력분포를 한 곳에 집중시킨다.
㉰ 흡입 관로에 홈을 판다.
㉱ 기어 잇수를 가능한 줄인다.

52. 기어 펌프의 소음 방지책은 기어 측면에 접하는 측판에 릴리프 홈을 만들거나 전위 기어를 사용한다.

53. 기어 펌프의 소음 원인이 아닌 것은?
㉮ 기어 정밀도 불량
㉯ 밀폐현상
㉰ 압력의 급하강으로 인한 충격
㉱ 공기흡입

54. 토출압 10 [kg_f/cm^2], 토출량 48 [l/min], 회전수 1,200 [rpm]의 용적형 펌프에서 무부하 토출압이 53 [l/min]이면 용적 효율은 몇 [%]인가?
㉮ 76　　㉯ 81　　㉰ 86　　㉱ 91

54. $\eta_v = \dfrac{48}{53} \times 100 = 91 [\%]$

55. 토출압 55 [kg_f/cm^2], 토출량 30 [l/min], 전효율 90 [%] 인 펌프의 소요동력은 몇 [kW]인가?
㉮ 3　　㉯ 4　　㉰ 5　　㉱ 6

55. $H = \dfrac{PQ}{102\eta}$
$= \dfrac{55 \times 10^4 \times 30 \times 10^{-3}}{102 \times 0.9 \times 60}$
$= 3 [kW]$

56. 7 [kW]의 전동기로 구동되는 유압펌프가 토출압 70 [kg_f/cm^2], 토출량 50 [l/min], 회전수 1,200 [rpm]이다. 전효율은 몇 [%]인가?
㉮ 62　　㉯ 72　　㉰ 82　　㉱ 92

56. $H_{kW} = \dfrac{70 \times 10^4 \times 50 \times 10^{-3}}{102 \times 60}$
$= 5.72 [kW]$,
$\eta = \dfrac{5.72}{7} \times 100 = 81.7 [\%]$

57. 펌프의 전효율은?
㉮ 기계효율×용적효율　　㉯ 기계효율+용적효율
㉰ 기계효율÷용적효율　　㉱ 기계효율−용적효율

해답
51. ㉰　52. ㉮　53. ㉰　54. ㉱　55. ㉮　56. ㉰　57. ㉮

58. 토출압이 $150\,[\text{kg}_f/\text{cm}^2]$인 펌프가 $50\,[\text{PS}]$의 전동기로 구동될 때 토출량은 몇 $[l/\text{sec}]$인가? 단, 전효율은 $85\,[\%]$이다.
㉮ 2.1 ㉯ 3.1 ㉰ 4.1 ㉱ 5.1

59. 유압펌프의 토출압이 $100\,[\text{kg}_f/\text{cm}^2]$, 토출량이 $10\,[l/\text{sec}]$, 전효율 $90\,[\%]$일 때 펌프의 소요 동력은 몇 $[\text{kW}]$인가?
㉮ 99 ㉯ 109 ㉰ 119 ㉱ 129

60. 캐비테이션이 일어나면 유압유는 어떤 상태로 되는가?
㉮ 과냉상태 ㉯ 표준상태 ㉰ 과열상태 ㉱ 과포화상태

61. 작동유 속에 용해공기가 기포로 되어 일어나는 현상은?
㉮ 노킹현상 ㉯ 공동현상 ㉰ 맥동현상 ㉱ 인화현상

62. 유압펌프 중 깃(날개)으로 펌프 작용을 하는 것은?
㉮ 로터리 펌프 ㉯ 베인 펌프
㉰ 기어 펌프 ㉱ 나사 펌프

63. 상승압력 $100\,[\text{kg}_f/\text{cm}^2]$, 유량 $0.3\,[\text{m}^3/\text{min}]$의 베인 펌프의 케이싱 안지름은 몇 $[\text{cm}]$인가?(단, 편심량 $e:5\,[\text{mm}]$, 회전자폭 $B:40\,[\text{mm}]$, 회전수 $n:1,500\,[\text{rpm}]$, 용적효율 $\eta_v:95\,[\%]$이다)
㉮ 15.7 ㉯ 16.7 ㉰ 17.7 ㉱ 18.7

64. 가변 용량형 베인 펌프에서 토출량을 변화시키는 방법 중 가장 알맞은 것은?
㉮ 로터의 회전과 캠링을 고정하고 작동시키면 된다.
㉯ 로터의 회전중심을 고정하든가 캠링을 움직인다.
㉰ 로터의 회전중심을 움직이거나 캠링을 움직인다.
㉱ 로터의 회전중심만 움직이고 캠링을 고정한다.

---

58. $H = \dfrac{PQ}{75\eta}$, $Q = \dfrac{75\eta H}{P}$
$= \dfrac{75 \times 0.85 \times 50}{150 \times 10^4}$
$= 0.0021\,[\text{m}^3/\text{s}]$
$= 2.12\,[l/\text{s}]$

59. $H = \dfrac{PQ}{102\eta}$
$= \dfrac{100 \times 10^4 \times 10 \times 10^{-3}}{102 \times 0.9}$
$= 109\,[\text{kW}]$

60. 캐비테이션이란 공동현상으로서 액상이 기상으로 되는 상태로 과포화상태이다.

63. $D = \dfrac{Q}{2\pi e b n \eta_v}$
$= \dfrac{0.3}{2\pi \cdot 5 \cdot 10^{-3} \cdot 40 \cdot 10^{-3} \cdot 1500 \cdot 0.95}$
$= 0.167\,[\text{m}] = 16.7\,[\text{cm}]$

---

58. ㉮ 59. ㉯ 60. ㉱ 61. ㉯ 62. ㉯ 63. ㉯ 64. ㉰

65. 유압 펌프 중 초고압에 사용되는 것은?
㉮ 진공 펌프   ㉯ 플런저 펌프
㉰ 기어 펌프   ㉱ 나사 펌프

66. 플런저 펌프의 종류가 아닌 것은?
㉮ 레이디얼 형   ㉯ 액시얼형
㉰ 크랭크 형   ㉱ 내접형

67. 플런저 펌프가 고압 토출에 가능한 이유는?
㉮ 용적변화가 기어, 베인 펌프에 비해 크다.
㉯ 용적변화가 기어, 베인 펌프에 비해 작다.
㉰ 실 부분이 기어, 베인 펌프에 평관이다.
㉱ 실 부분이 기어, 베인 펌프에 직관이다.

해답 65. ㉯ 66. ㉱ 67. ㉮

4장 유압제어 밸브
(hydraulic control valve)

4·1 개요 (introduction)

유압작동기가 필요한 일을 정확하게 하기 위해서는 유압유의 유량, 압력, 흐름의 방향을 제어해야 한다. 이와 같이 유압을 필요한 목적에 맞도록 제어하기 위하여 사용되는 기기를 유압제어 밸브라 한다.

4·2 유압제어 밸브의 분류 (types of hydraulic control valve)

4·2·1 기능상 분류

① 압력제어 밸브(pressure control valve) : 압력 일정 유지. 최고압력 제한한다.
② 방향제어 밸브(directional control valve) : 유로차단, 연결 그리고 변환한다.
③ 유량제어 밸브(flow control valve) : 유압 작동기의 운동속도를 제어한다.

4·2·2 구조상의 분류

① 포핏형식(poppet type) : 포핏이 스프링으로 시트(seat)에 밀어 붙여져 작동한다.
② 포트형식(port type) : port를 변경시켜 제어한다.

4·2·3 밸브의 제어방법에 따른 분류

① 밸브에 레버를 부착하여 작동시키는 수동적인 방법
② 전기 전자적인 신호에 의한 전자력에 의한 방법
③ 유·공압을 이용한 자동적인 방법

4·2·4 조작방식상의 분류

● 수동조작 밸브(Manually Operated Valve)

스풀(spool) 끝단에 레버, 페달 등을 접속하여 인력에 의하여 스풀 등을 이동시켜서 조작하는 형식의 밸브이다.

● 기계조작 밸브(Mechanical Operated Valve)

기계조작 밸브는 캠(cam), 링크(link)와 같은 기계적인 조작기구로서 밸브를 조작하는 밸브이다.

● 파일럿조작 밸브(Pilot Operated Valve)

유압의 힘을 이용하여 파일럿라인에 유압을 공급하여 스풀이 이동함으로써 밸브를 제어하는 방법으로서 큰 조작력이 얻어지는 점에서 대용량의 밸브에 적합하다.

● 전자조작 밸브(Solenoid Operated Valve)

유압제어 밸브에 전기적인 신호를 입력하여 전자입력으로 솔레노이드(solenoid)를 움직여서 밸브의 스풀을 조작하는 전자변환 밸브이다.

표 4·1 조작방식(1)

명 칭	기 호	비 고
인력조작		조작방법을 지시하지 않은 경우 또는 조작 방향의 수를 특별히 지정하지 않은 경우의 일반 기호
누름 조작		1방향 조작
당김 버튼		1방향 조작
누름 당김 버튼		2방향 조작
레버		2방향 조작(회전운동을 포함)
페달		1방향 조작(회전운동을 포함)
2방향 페달		2방향 조작(회전운동을 포함)
기계 조작		화살표는 유효조작 방향을 나타낸다. 기입을 생략하여도 좋다.
플런저		1방향 조작
가변행정제한기구		2방향 조작
스프링		1방향 조작
롤러		2방향 조작
편측자동 롤러		1방향 조작
전기조작 직선형 전기 엑추에이터		솔레노이드, 토크모터 등
단동 솔레노이드		1방향 조작 사선은 우측으로 비스듬이 그려도 좋다.
북동 솔레노이드		2방향 조작 사선은 위로 넓어져도 좋다.
단동 가변식 전자 엑추에이터		1방향 조작 비례식 솔레노이드, 포스모터 등

표 4·1 계속

명 칭	기 호	비 고
복동 가변식 전자 엑추에이터		2방향 조작 토크모터
회전형 전기 엑추에이터		2방향 조작 전동기
파일럿 조작 직접 파일럿 조작		・수압면적이 상이한 경우 필요에 따라 면적비를 나타내는 숫자를 직4각형속에 기입한다.
내부 파일럿		・조작유로는 기기의 내부에 있음
외부 파일럿 간접 파일럿 조작 압력을 가하여 조작하는 방식		・조작유로는 기기의 외부에 있음
공기압 파일럿		・내부 파일럿 ・1차조작 없음
유압 파일럿		・외부 파일럿 ・1차조작 없음
유압2단 파일럿		・내부 파일럿, 내부 드레인 ・1차조작 없음
공기압・유압 파일럿		・외부 공기압 파일럿, 내부 유압 파일럿, 외부 드레인 ・1차조작 없음

표 4·2 조작방식(2)

명 칭	기 호	비 고
전자·공기압 파일럿		· 단동 솔노이드에 의한 1차조작 붙이 · 내부 파일럿
전자·유압 파일럿		· 단동 솔레노이드에 의한 1차조작 붙이 · 외부 파일럿, 내부 드레인
압력을 빼내어 조작하는 방식		· 내부 파일럿, 내부 드레인 · 1차조작 없음
유압 파일럿		· 내부 파일럿 · 원격조작용 벤트포트
전자·유압 파일럿		· 단동솔레노이드에 의한 1차조작 붙이 · 외부 파일럿, 외부 드레인
파일럿 작동형 압력제어밸브		· 압력조정용 스프링 붙이 · 외부 드레인 · 원격조작용 벤트포트 붙이
파일럿 작동형 비례 전자식 압력제어 밸브		· 단동 비례식 액추에이터
피드백 전기식 피드백		· 일반기호 · 전위차계, 차동 변압기 등의 위치검출기

4·3 압력제어 밸브 (pressure control valve)

● 회로내의 압력을 설정압력 이하로 유지하는 밸브

릴리프 밸브(relief valve), 감압 밸브(reducing valve)

● 회로내의 압력이 설정치에 달하면 회로를 전환시키는 밸브

순차작동 밸브(sequence valve), 무부하 밸브(unloading valve), 카운터밸런스 밸브(counter balance valve), 압력스위치(pressure switch)

4·3·1 릴리프 밸브(Relief Valve)

유압펌프에서 작동유의 압력이 규정압력보다 높아지는 경우에 유압기기에 무리가 따르는데 이것을 보호하기 위하여 유압회로 내의 압력을 설정된 압력 이하로 제한시켜주는 밸브이다.

(1) 릴리프 밸브의 구조

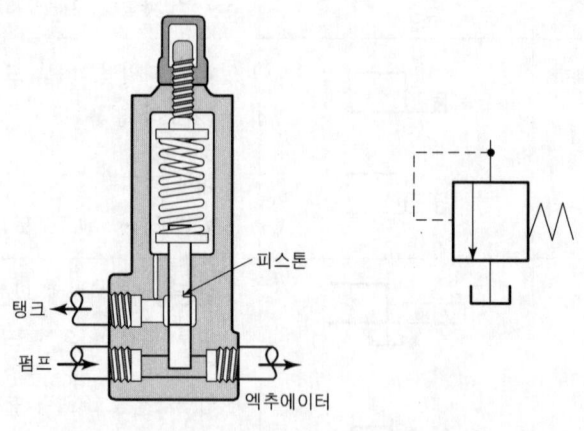

그림 4·1 직동형 릴리프 밸브

(2) 채터링 현상(chattering)

피스톤이 회로압력에 의하여 열리기 시작하면 피스톤하부의 압력이 갑자기 저하되므로 피스톤은 급속히 스프링의 힘에 의하여 닫히게 된다. 그러면 회로압력이 상승되어 피스톤은 다시 열리고 또 닫히는 작동이 연속적으로 반복되면서 심한 진동과 소음이 발생하는데, 이러한 현상을 채터링 현상(chattering)이라 한다.

● 크래킹 압력(cracking pressure)

배출구를 통하여 오일이 탱크로 귀환되기 시작할 때의 압력

● 전 유량(全開) 압력(full flow pressure)

최대 허용유량으로 귀환될 때의 압력

● 오버 라이드 압력(override pressure)

전 유량 압력－크래킹 압력으로서 오버라이드 압력이 클수록 릴리프 밸브의 성능이 나빠지고 포핏의 진동은 심해진다.

4·3·2 감압밸브 (Pressure Reducing Valve)

유압회로의 일부를 유압시스템의 주릴리프 밸브의 설정압력보다 저압으로 사용하고자 할 때 사용하는 밸브로서 상시 개방되어 있어서 흡입구의 1차 측의 주 회로에서 토출구의 2차 측의 유압회로에 유압유가 흐른다. 2차 측의 압력이 감압밸브의 설정압력보다 높아지면 밸브는 유압유의 유로가 닫히도록 작동한다. 감압밸브에서 스풀(spool)은 흡입구측 압력의 영향을 받지 않고 토출구측 압력만으로 작동하도록 되어있다.

(1) 감압밸브의 구조

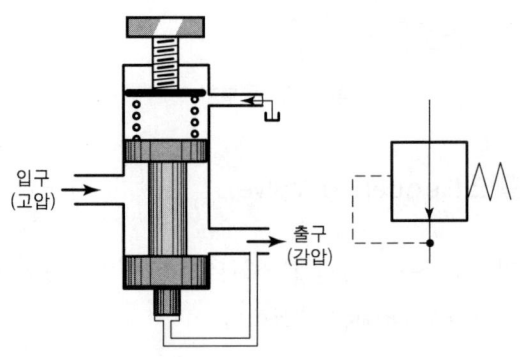

그림 4·2 작동형 감압밸브

4·3·3 무부하 밸브 (Unloading valve)

유압회로 내에서는 항상 릴리프 밸브에서 설정된 압력이 필요한 것은 아니므로 회로내의 압력이 일정한 압력에 달하면 유압유를 유압펌프로부터 직접 오일탱크로 귀환시키면서 펌프를 무부하 상태로 만들고 회로압력이 일정한 압력까지 낮아지면 다시 회로에 압력을 형성시켜주는 것이 바람직하며, 이러한 역할을 하는 밸브가 무부하밸브(unloading valve)이다.

(1) 무부하 밸브의 설치목적

동력의 절감과 유압유의 온도상승을 막기 위한 것이 주목적이나.

(2) 무부하 밸브의 구조

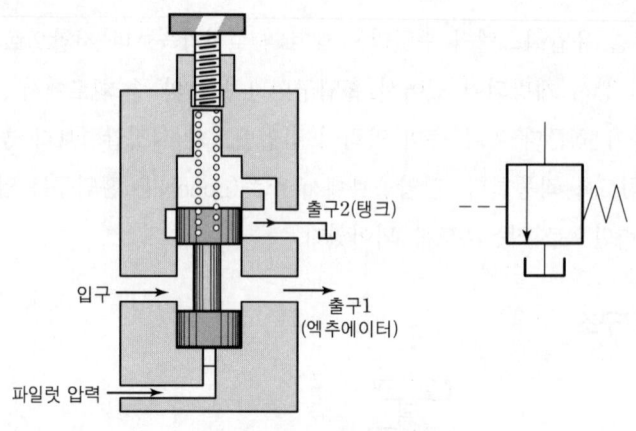

그림 4·3 무부하 밸브

4·3·4 순차작동 밸브 (Sequence Valve)

주 회로의 압력을 일정하게 유지하면서 분기회로의 압력을 조절하여 2개 이상의 작동기를 순차적으로 작동시키기 위하여 사용되는 밸브이다.

(1) 순차작동 밸브의 구조

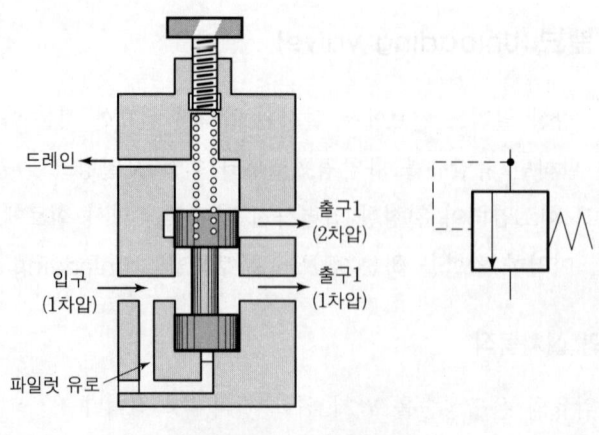

그림 4·4 순차작동 회로

4·3·5 카운터 밸런스 밸브 (Counter Balance Valve)

유압회로의 한 방향의 흐름에 대해서는 설정된 배압이 형성되고 다른 방향의 흐름은 체크밸브를 설치하여 만든 밸브이고 유압작동기와 탱크로 가는 귀환 유로 사이에 설치한다. 이 구조와 작동원리는 순차작동밸브와 유사하다. 카운터 밸런스 밸브의 특징은 유압작동기에 걸려있는 부하가 급격히 제거되었을 때 그 자중이나 관성력으로 인하여 작동기의 제어가 불가능한 상태가 되는 것을 방지하기 위하여 시스템내에 배압을 형성하여 작동기의 운동속도를 제어하는 역할을 한다.

(1) 카운터 밸런스 밸브의 구조

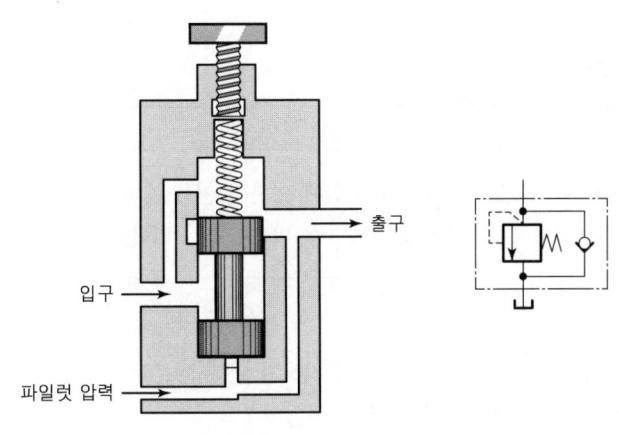

그림 4·5 순차작동 회로

4·3·6 압력스위치 (Pressure Switch)

유압시스템의 압력이 설정압력에 도달하였을 때 시스템의 전기회로에 신호를 보내서 전기적인 신호가 다음 일을 수행하게 하는 역할을 하는 전환 스위치이다.

(1) 압력스위치를 이용한 회로의 예

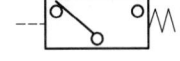

그림 4·6 입력스위치 기호

4·3·7 압력제어밸브의 고장원인

① 유압유 중의 먼지나 공기로 인하여 밸브의 작동이 불안정하게 된다. 주물의 모래 등이 밸

브 시트에 끼이면 밸브의 압력 변동이 발생하며 먼지가 드레인 구멍 및 오리피스를 막으면 밸브는 작동불량이 된다.
② 스프링의 피로로 작용력이 약해지면 설정압력이 형성되지 않아서 작동이 불량해질 가능성도 있다.
③ 밸브내의 포트와 스풀 사이의 틈새가 커지면 누설이 많아져서 밸브의 성능이 저하된다.
④ 밸브의 설정압력보다 너무 높으면 회로의 효율이 나빠지고 사용목적을 달성할 수 없으므로 밸브 용량에 알맞은 설정압력을 선정해야 한다.

표 4·3 압력 제어 밸브 (1)

밸브의 종류	특 징	기 호
릴리프 밸브	1차압을 일정하게 유지하기 위해 여분의 기름을 빼돌리는 안전 밸브이다. 직동형과 밸런스 피스톤형이 있다.	
감압 밸브	2차압을 희망하는 압력으로 유지하기 위해 여분의 기름을 통과시키지 않는 밸브이다.	
시퀀스 밸브	1차압이 정해진 압력에 도달하면 밸브를 통해 2차측 회로에 들어가고 다음 동작이 행해지는 순서 제어 밸브이다. 언로드 밸브와 다른 점은 2차측이 접속되어 있는 점이다.	
카운터 밸런스 밸브	1방향의 흐름에는 정해진 배압을 주고 역방향의 흐름에는 자유 흐름이 되는 밸브로서 반드시 체크 밸브가 부착되고 드레인은 내부 방식이다.	
언로드 밸브	정해진 압력에 도달하면 전유량을 탱크에 되돌리는 밸브이다.	

4·4 유량제어 밸브 (flow control valve)

유압 작동기의 작동속도를 제어하기 위해서는 유량을 조절해야 하며 유량의 조절을 목적으로 하는 밸브를 유량제어 밸브(flow control valve)라 한다.

● 유량 조절 방법

① 가변용량 펌프를 이용하는 직접제어 방법
② 유량제어 밸브를 이용한 간접제어 방법

정용량 펌프와 유량제어 밸브 및 릴리프 밸브를 사용하여 회로를 구성한다.

4·4·1 교축 밸브(Throttling Valve)

유동의 유로 단면적을 변화시켜서 유량을 제어하는 밸브로서 구조에 따라서 오리피스 밸브(orifice valve)와 니들밸브(needle valve), 볼밸브(ball valve)로 나눈다.

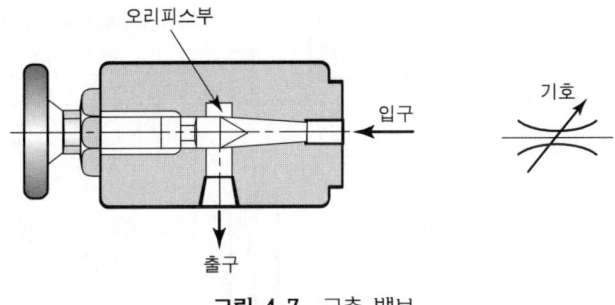

그림 4·7 교축 밸브

4·4·2 압력보상형 유량조정 밸브(Pressure Compensated Flow Control Valve)

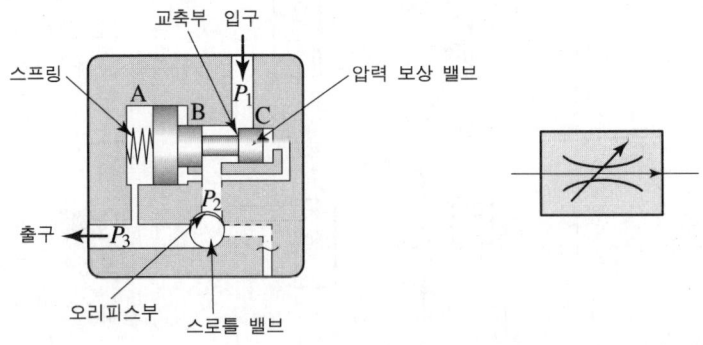

그림 4·8 압력 보상형 유량 조절 밸브

4·4·3 압력-온도 보상형 유량조정 밸브 (Pressure-Temperature Compensated Flow Control Valve)

4·4·4 유량분배 밸브(Flow Dividing Valve)

명 칭	기 호	비 고
교축 밸브 가변 교축밸브		· 간략 기호에서는 조작 방법 및 밸브의 상태가 표시되어 있지 않음 · 통상 완전히 닫혀진 상태는 없음
스톱 밸브		
감압밸브(기계 조작 가변 교축 밸브)		· 롤러에 의한 기계 조작 · 스프링 부하
1방향 교축 밸브 속도 제어 밸브(공기압)		· 가변 교축 장착 · 1방향으로 자유 유동, 반대 방향으로는 제어 유동
유량 조정 밸브 직렬형 유량 조정 밸브		· 간략 기호에서 유로의 화살표는 압력의 보상을 나타낸다.
직렬형 유량 조정 밸브 (온도 보상붙이)		· 온도 보상은 ↓에 표시한다. · 간략 기호에서 유로의 화살표는 압력의 보상을 나타낸다.
바이패스형 유량 조정 밸브		· 간략 기호에서 유로의 화살표는 압력의 보상을 나타낸다.

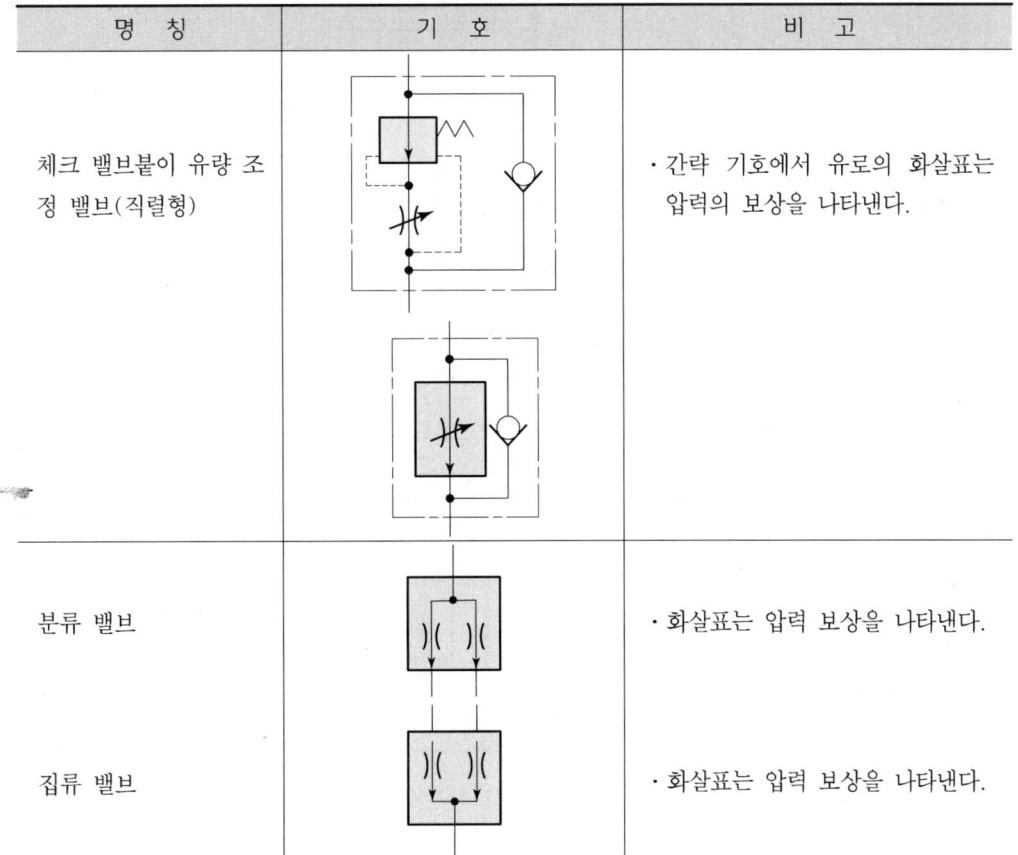

4·4·5 유량제어 밸브의 회로

(1) 미터인 회로(Meterin Circuit)

유량조정 밸브를 유압실린더와 방향제어밸브 사이에 설치하여 실린더 피스톤의 속도를 제어하는 회로로서 피스톤의 이동방향과 부하의 작용방향이 서로 반대되는 경우에 사용한다. 유압펌프로부터 항상 유압작동에서 요구되는 유량 이상을 송출하여야 하고 유량의 나머지는 릴리프 밸브를 통하여 오일탱크로 귀환시킨다. 그러므로 동력손실을 줄이기 위해서는 릴리프 밸브의 설정압력을 실린더의 요구압력보다 유량 밸브의 교축 저항만큼 크게 설정한다. 그리고 미터인 회로는 동작중 부하가 항상 정부하일 때만 사용되며 구동기기 근처에 설치해야 한다(예, 연삭테이블 이송).

$$\eta_{MI} = \frac{(Q-Q_R)p_2}{p_1 Q}$$

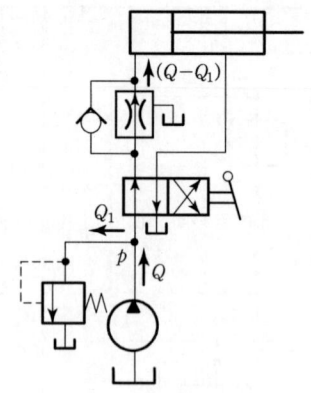

그림 4·9 미터인 회로

η_{MI} : 미터인회로의 효율, Q : 펌프의 송출량
Q_R : 릴리프를 통한 유출량, p_1 : 펌프의 송출압력
p_2 : 실린더 입구 측의 압력

(2) 미터아웃 회로(Meter-out Circuit)

유량제어 밸브를 유압유의 귀환 측인, 유압실린더와 유압탱크 사이에 설치하여 실린더로부터 유출되어 귀환하는 유량을 제어하는 회로로서 실린더는 항상 배압을 받게 된다. 항상 실린더에 배압이 작용하고 있으므로 유압실린더 내의 피스톤이 역부하를 받는 회로에서 사용하여 갑작스런 후진을 막는 역할을 한다(예, 드릴링 머신, 프레스).

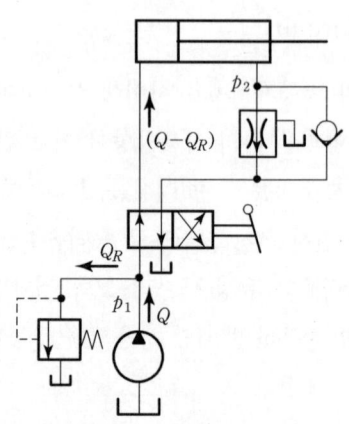

그림 4·10 미터아웃 회로

$$\eta_{MO} = \frac{(p_1 - p_2)(Q - Q_R)}{p_1 Q}$$

Q : 펌프의 송출량, Q_R : 릴리프를 통한 유출량

p_1 : 펌프의 송출압력, p_2 : 펌프의 배압

(3) 블리드오프 회로(Bleed Off Circuit)

실린더와 병렬로 유량조정밸브를 설치하여 펌프의 송출량의 일부를 기름탱크로 귀환(bypass)시키고 나머지 유량을 실린더로 유입시켜 유량을 제어함과 동시에 실린더의 속도를 제어한다. 즉 펌프에서 송출되는 일정유량 중에서 탱크로 일부를 유출시키고 나머지를 실린더에 보냄으로서 유량을 조정하는 것이다. 이 회로는 피스톤의 이동방향과 부하의 작용 방향이 서로 반대인 경우에 사용이 적합하나 부하변동이 크면 정확한 속도 제어는 곤란하다.

여분의 기름이 릴리프 밸브로 통하지 않고 유량조정 밸브를 통하여 흐르므로 동력손실이 다른 회로보다 적고 효율이 높다. 그러나 펌프의 송출압력이 실린더의 부하압력과 같으므로 실린더의 부하변동이 크면 송출량이 변동된다. 따라서 실린더의 부하변동이 심한 경우에는 정확한 유량제어가 곤란해진다(예, 호우닝 머신, 윈치).

$$\eta_{BO} = \frac{(Q - Q_1)}{Q}$$

Q : 펌프의 송출량

Q_1 : 밸브를 통해 탱크로 유출되는 양

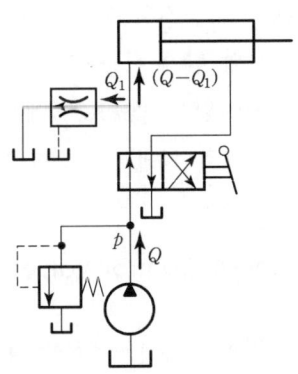

그림 4·11 블리드오프 회로

4·4·6 유량제어 밸브의 고장과 사용상의 주의

① 유압유 내에 먼지가 있으면 포핏 작동성능이 떨어지므로 유량제어 능력이 저하된다.
② 유량제어 밸브 내에서 내부누설이 많아지면 오리피스를 조정해도 제어가 곤란해진다.
③ 압력보상형 유량제어 밸브를 사용할 경우 압력차가 $10\,[\mathrm{kg_f/cm^2}]$ 이상이 되지 않으면 유량제어기능을 충분히 발휘하지 못하므로 주의해야 한다.
④ 유량조정범위가 넓은 밸브는 미세한 제어가 곤란하다.
⑤ 유압유의 온도가 현격하게 변화하는 경우는 압력온도보상형 밸브를 사용해야 한다.

4·5 방향제어 밸브 (directional control valve)

유압 작동기(hydraulic actuator)의 운동방향을 제어하는 밸브로서 유압유의 흐름 방향을 바꾸어서 유압 작동기의 왕복운동과 회전운동 시에 시동, 정지, 방향을 제어하는 밸브이다.

(1) 기능상의 분류

① 방향전환 밸브(directional control valve, selector valve) : 흐름의 방향을 변화시키거나 흐름을 정지시키는 밸브이다.
② 역지(逆止) 밸브(check valve) : 한 방향의 흐름은 가능하지만 역방향의 흐름은 저지하는 역할을 하는 밸브이다.
③ 감속 밸브(deceleration valve) : 작동기의 시동, 정지, 속도변환시에 움직임을 감속 또는 가속하기 위해 유량제어 밸브와 함께 사용된다.
④ 셔틀 밸브(shuttle valve) : 2개의 입구측 포트 중에서 한쪽 포트를 막아서 고압우선형 셔틀 밸브와 저압우선형 셔틀 밸브로 선택적으로 한쪽으로만 유압유를 통과시킨다.

4·5·1 방향전환 밸브(Directional Control Valve)

유압시스템 내에서 유동의 방향을 전환시키거나 유동을 정지시키는 밸브로서 작동기의 운동의 방향을 전환 또는 정지시키는 밸브이다.

(1) 밸브형식에 의한 분류

● 로터리형 스풀 밸브(rotary spool type)

로터리형 스풀(rotary spool, rotor)이 회전하면서 유로를 개폐하여 유동의 방향을 변화시키는 밸브이다.

● 슬라이드형 스풀 밸브(slide spool type)

중공원통(sleeve) 내부에서 슬라이드형 스풀(slide spool)이 축방향으로 직선운동을 함으로서 유로를 개폐하여 유동의 방향을 변화시키는 밸브이다.

(2) 포트의 수에 의한 분류

● 2포트 밸브(two port valve)

2포트 2위치인 밸브만이 구성되며 유로를 연결하거나 차단하는 단순한 기능만을 수행하며 밸브내의 유로가 하나밖에 없기 때문에 한 방향 밸브(one way valve)라고도 한다. 2포트 밸브는 중립상태(normal position)에서 열림형과 닫힘형의 형식이 있고 감속밸브가 그 예이다.

● 3포트 밸브(three port valve)

중립상태(normal position)에서는 입력포트(P)가 실린더포트(B)와 연결되고 포트는 막혀있다가 밸브전환이 되면 P포트와 A포트가 연결되고 B포트가 닫히게 된다. 밸브내의 유로가 A포트와 B포트로 2개의 유로가 형성되기 때문에 이러한 밸브를 2방향 밸브(two port valve)라고도 한다.

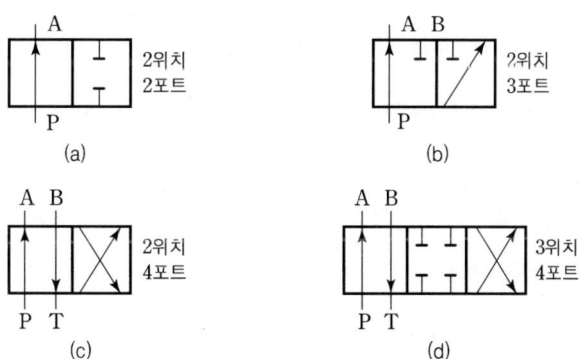

그림 4·12 포트의 수에 따른 밸브의 형식

● 4포트 밸브(four port valve)

유압시스템의 방향전환밸브에서 유압 작동기를 직접 작동할 때 가장 많이 사용되는 밸브로서 포트는 펌프측(P), 탱크측(T), 유압 작동기측(A, B)인 4개의 포트로 구성되어 있으며 밸브내부에 있는 스풀의 전환에 따라 4가지의 유로를 형성하므로 4방향 밸브(four port valve)라고도 한다.

(3) 위치의 수에 의한 분류

밸브의 작동위치의 변환수에 의하여 포트와 포트를 연결하는 흐름의 수가 변화할 수 있으며, 이 밸브의 작동위치의 변환수를 위치의 수(number of position)라 한다. 일반적으로 2위치 밸브, 3위치 밸브, 다(多)위치 밸브로 분류할 수 있으며 4포트 3위치 밸브가 가장 많이 사용된다.

2위치 밸브는 유압실린더의 전진과 후진을 연속적으로 행할 때 주로 사용하며 우측 위치가 밸브의 중립상태를 나타낸다. 3위치 밸브는 실린더의 전후진을 행할 뿐만 아니라 중립위치가 있어서 2위치 밸브보다 시스템을 정지시킬 때 유리하다. 3위치 밸브에서는 중앙위치가 밸브의 중립상태를 나타낸다.

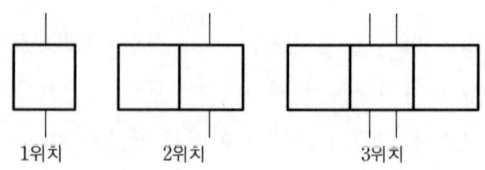

그림 4·13 위치의 수에 의한 밸브의 형식

(4) 밸브의 중립위치의 형상(스풀형식)에 따른 분류

● 열림 센터형(open center type)

중립위치에서 모든 포트가 공통으로 탱크포트와 연결된다. 이 형식에서는 유압탱크에서 나온 유압유가 탱크로 직접 귀환하므로 시스템의 정지시에 펌프 축동력의 손실은 작지만 시스템 운전시에 설정압력을 유지하기 위한 시간이 지연된다.

● 닫힘 센터형(closed center type)

모든 포트가 각각 분리되어 있으므로 항상 시스템이 설정압력을 유지할 수 있으나 시스템의 정지시에도 동력의 손실이 크고 유압유의 발생열량이 크다.

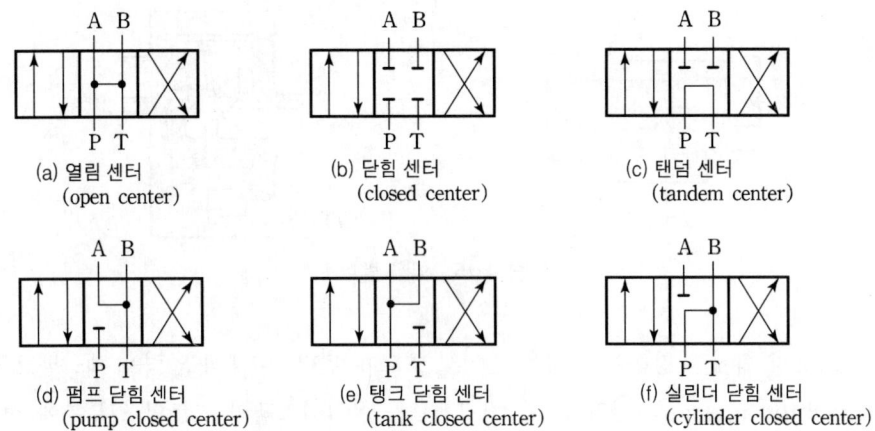

그림 4·14 중립위치에 따른 밸브의 형식

● 탠덤 센터형(tandem center type)

중립위치의 형태가 펌프측 포트와 탱크측 포트는 연결되고 실린더측인 포트는 서로 분리된 구조이다.

● 펌프 닫힘센터(pump closed center)

중립위치가 펌프측 포트만 막혀있고 실린더 A와 B, 그리고 탱크측포트 T가 연결된 경우로서 ABT접속형 또는 압력 닫힘형이라고도 한다.

● 탱크 닫힘센터(tank closed center)

중립위치가 실린더 탱크측 T포트만 막혀있고, 실린더 A, B측과 펌프 측 P포트가 연결되는 형식이다. 이 형식에서는 실린더 B에서 나온 유압유가 탱크로 귀환하지 않고 펌프 P에서 나온 유압유와 함께 실린더 A측 포트로 흐르므로 실린더의 작동속도를 빠르게 할 수 있다. 그러므로 이 형식을 재생센터(regenerative center) 또는 ABP접속형이라고도 한다.

● 실린더 닫힘센터(cylinder closed center)

중립위치가 실린더 A측 포트만 막혀있고, 실린더 B측과 펌프 P측 및 탱크 T측이 연결되어 있는 형식으로 접속형이라고도 한다.

4·5·2 역지(逆止) 밸브(Check Valve)

한 방향의 흐름은 가능하지만 역 방향의 흐름은 저지하는 역할을 하는 밸브이다. 이 밸브의 구조는 포펫이나 볼이 스프링으로 시트에 밀착되어 있으며 밸브의 입구측에서 출구쪽으로 흐

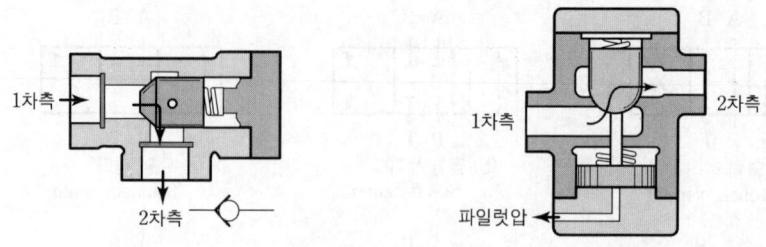

그림 4·15 역지 밸브

를 때는 스프링의 힘에 대항하여 포핏을 밀어서 흐르게 된다. 이때의 압력을 체크밸브의 크래킹 압력(cracking pressure)이라 한다. 체크밸브는 유압시스템의 관로의 일부분에 설치하여 시스템의 안정과 효율을 높이는데 주로 사용한다.

4·5·3 셔틀 밸브(Shuttle Valve)

(1) 고압 우선형 셔틀 밸브

2개의 입구측 포트 중에서 저압측 포트를 막아서 항상 고압측의 유압유만을 통과시키는 밸브이다.

(2) 저압 우선형 셔틀 밸브

2개의 입구측 포트 중에서 고압측 포트를 막아서 항상 저압측의 유압유만을 통과시키는 밸브이다.

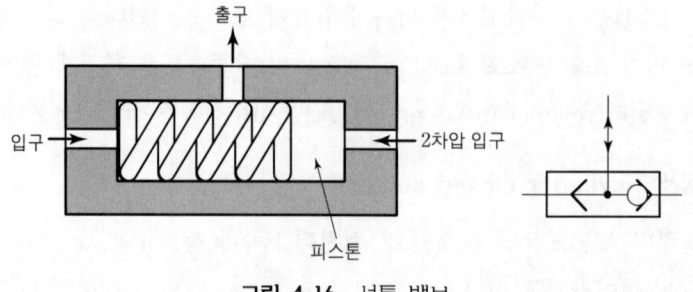

그림 4·16 셔틀 밸브

4·5·4 감속 밸브(Deceleration Valve)

유압 작동기의 운동위치에 따라 캠(cam) 조작으로 회로를 개폐시키는 밸브로서 작동기의 시동, 정지, 속도 변환시에 움직임을 감속 또는 가속하기 위해 유량제어 밸브와 함께 사용된다.

4·5·5 방향제어 밸브의 고장원인

① 귀환 포트(return port)에 규정 이상의 배압이 걸리면 작동불량이 된다.
② 스프링의 힘으로 스풀을 중앙위치로 되돌리는 경우에 스프링의 강도가 약해져서 작동 불량이 발생할 가능성이 있다.
③ 유압유 중의 먼지가 스풀과 본체 사이의 틈새에 끼이면 작동 불량의 원인이 될 수 있다.
④ 유압유의 온도가 너무 높아서 이동부 극단에 열팽창을 일으키면 작동 불량이 된다.
⑤ 서브 플레이트(sub plate)가 외부 열에 의하여 변형이 되면 스풀의 움직임이 둔해질 가능성이 있다.
⑥ 파일럿압이 저하하거나 파일럿 드레인이 막히면 작동 불량이 된다.
⑦ 전자에 통전된 전압이 강화되면 작동이 불량해진다.
⑧ 전자조작 밸브의 푸시로드(push rod)에 이물질이 묻으면 움직임이 둔해지고 스풀의 전환이 불량해진다.

표 4·4 방향제어 밸브

명 칭	기 호
체크 밸브 → 한쪽 방향으로만 유체의 흐름을 가능하도록 하고, 반대 방향으로는 흐름을 저지시키는 밸브	상세기호 / 간략기호
파일럿 조작 체크 밸브	
고압우선형 셔틀밸브 → 1개의 출구와 2개 이상의 입구가 있고, 출구가 최고 압력쪽 입구를 선택하는 기능을 가진 밸브	

표 4·4 계속

명 칭	기 호
저압우선형 셔틀 밸브	
급속 배기 밸브	
교축 밸브 가변 교축 밸브	
스톱 밸브	
감압 밸브(기계조작가변 교축 밸브)	
1방향 교축 밸브 속도 제어 밸브 (공기압)	
유량조정 밸브 직렬형 유량조정 밸브	
직렬형 유량조정 밸브(온도 보상 붙이)	

표 4·4 계속

명 칭	기 호
바이패스형 유량조정 밸브	
체크밸브 붙이 유량조정 밸브(직렬형)	
분류 밸브	
집류 밸브	

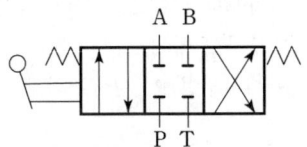

각 포트의 기호는 다음과 같은 사항을 나타낸다.

　　　P = 프레셔포트(펌프포트)

　　　T = 탱크포트(R로 나타내기도 한다.)

　　　A, B = 엑추에이터포트

표 4·5 전환 밸브

명 칭	기 호	비 고
2포트 수동 전환 밸브		• 2위치 • 폐지 밸브
3포트 전자 전환 밸브		• 2위치 • 1과도 위치 • 전자조작 스프링 리턴
5포트 파일럿 전환 밸브		• 2위치 • 2 방향 파일럿 조작
4포트 교축 전환 밸브		• 3위치 • 스프링 센터 • 무단계 중간위치
서보 밸브 → 전기 그밖의 입력 신호에 따라 유량 또는 압력을 제어하는 밸브		• 대표 보기

노멀 크로즈드 (정상폐쇄)	노멀 위치에서는 압력 포트가 닫혀있는 형태. 이러한 형태의 밸브를 노멀 클로즈드 밸브 또는 정상폐쇄 밸브라고 한다.
노멀 오픈 (정상열림)	노멀 위치에서는 압력 포트가 출구 포트를 통하여 있는 모양. 이 형태의 밸브를 노멀 오픈 밸브 또는 정상 열림 밸브라고 한다.
클로즈드 센터	변환 밸브의 중립 위치에서 모든 포트가 닫혀 있는 흐름의 형태. 이 형태의 밸브를 클로즈드 센터 밸브라고 한다. 4포트 3위치 밸브를 예시하면 P 포트(귀환구), A·B 포트(실린더구)가 모두 닫혀있는 상태
오픈센터	변환 밸브의 중립 위치에서 모든 포트가 서로 통하고 있는 흐름의 형태. 이 형태의 밸브를 오픈 센터 밸브라고 한다.
BR접속	변환 밸브의 중립 위치에서, 포트는 포트로 통하고, 포트와 포트는 닫혀 있는 흐름의 형태. 이 형태의 밸브를 BR접속 밸브라고 한다.

연습문제

1. 밸브의 진동원인이 아닌 것은?
    - ㉮ 유압 시스템 전체의 불안정
    - ㉯ 밸브와 밸브실의 조합이 불량
    - ㉰ 관내의 유체 흐름의 진동
    - ㉱ 회로 내에 밸브의 숫자가 많음

2. 유량제어 밸브의 설명 중 틀린 것은?
    - ㉮ 회로 효율은 양호하며 정확한 제어가 가능하다.
    - ㉯ 가변 용량형 펌프를 사용하여 1회전마다 토출량을 바꿀 수 있다.
    - ㉰ 유압 엑추에이터 속도를 제어하는 것으로 아주 정확한 제어가 가능하다.
    - ㉱ 유량을 제어하여 속도 조절을 하는 밸브이다.

3. 유압회로의 전체 유압을 조절하는 밸브는?
    - ㉮ 릴리프 밸브   ㉯ 감압 밸브
    - ㉰ 리듀싱 밸브   ㉱ 스로틀 밸브

4. 다음 중 압력제어 밸브가 아닌 것은?
    - ㉮ 언로드 밸브   ㉯ 시퀀스 밸브
    - ㉰ 감압 밸브   ㉱ 체크 밸브

5. 다음 중 방향제어 밸브는 어느 것인가?
    - ㉮ 감압 밸브   ㉯ 언로드 밸브
    - ㉰ 디셀러레이션 밸브 ㉱ 시퀀스 밸브

6. 압력제어 밸브는 어느 것인가?
    - ㉮ 시퀀스 밸브   ㉯ 체크 밸브
    - ㉰ 전환 밸브   ㉱ 분류 밸브

---

2. 유량제어 밸브 중 흐름을 완전히 정지시킬 수 있는 밸브를 니들 밸브, 스톱 밸브라고 한다.

3. 릴리프 밸브는 회로의 최고 압력을 한정하여 기기나 관 등의 파손을 방지하기 위한 밸브이다.

4. 압력제어 밸브에는 릴리프 밸브, 시퀀스 밸브, 무부하 밸브, 카운터 밸런스 밸브, 감압 밸브가 있다.

5. 방향 제어 밸브에는 체크 밸브, 셔틀 밸브, 프레필 밸브, 방향 변환 밸브, 디셀러레이션 밸브 등이 있다.

해답 1. ㉱ 2. ㉰ 3. ㉮ 4. ㉱ 5. ㉰ 6. ㉮

7. 작동기의 작동 후에 다른 작동기를 작동시키려 할 때 사용되는 밸브는?
   ㉮ 무부하 밸브   ㉯ 시퀀스 밸브
   ㉰ 릴리프 밸브   ㉱ 감압 밸브

8. 시퀀스 밸브와 같은 구조를 가진 압력제어 밸브는?
   ㉮ 감압 밸브   ㉯ 릴리프 밸브
   ㉰ 파일럿 조작 체크 밸브   ㉱ 카운터 밸런스 밸브

9. 다음 중 방향제어 밸브에 해당하는 것은?
   ㉮ 체크 밸브   ㉯ 시퀀스 밸브
   ㉰ 카운터 밸런스 밸브   ㉱ 교축 밸브

10. 다음 유압제어 밸브에서 압력제어 밸브가 아닌 것은?
    ㉮ 릴리프 밸브   ㉯ 시퀀스 밸브
    ㉰ 교축 밸브   ㉱ 카운터 밸런스 밸브

11. 유체의 흐름을 바꾸어 주는 밸브는?
    ㉮ 방향 전환 밸브   ㉯ 방향 제어 밸브
    ㉰ 압력 제어 밸브   ㉱ 감속 밸브

12. 다음 중 연결이 잘못된 것은?
    ㉮ 일의 빠르기 : 유량제어 밸브
    ㉯ 일의 크기 : 압력제어 밸브
    ㉰ 일의 방향 : 방향제어 밸브
    ㉱ 일의 양 : 카운터 밸런스 밸브

13. 유압장치에서 반드시 있어야 하는 3종류의 밸브는?
    ㉮ 압력 조정 밸브, 유량 조정 밸브, 교축 밸브
    ㉯ 압력 조절 밸브, 방향 제어 밸브, 체크 밸브
    ㉰ 체크 밸브, 니들 밸브, 감압 밸브
    ㉱ 유량 제어 밸브, 압력 제어 밸브, 방향 제어 밸브

---

7. 시퀀스 밸브는 둘 이상의 분기회로가 있는 회로 내에서 그 작동 순서를 회로의 압력 등에 의해 제어하는 밸브이다.

8. 시퀀스 밸브의 압력제어 특성은 기본적으로 릴리프 밸브와 동일하며 릴리프 밸브와의 공진을 피하기 위해 낮게 설정한다.

12. 카운터 밸런스 밸브는 압력제어 밸브이다.

13. 유압장치의 제어밸브에는 압력제어 밸브, 방향제어 밸브, 유량제어 밸브가 있다.

해답 7. ㉯ 8. ㉯ 9. ㉮ 10. ㉰ 11. ㉯ 12. ㉱ 13. ㉱

14. 두 개 이상의 유압 엑추에이터가 있는 회로에서 작동 순서를 제어하는 밸브는?
    ㉮ 카운터 밸런스 밸브　㉯ 시퀀스 밸브
    ㉰ 언로드 밸브　　　　㉱ 스로틀 밸브

15. 유압 작동유에 기포가 발생하는 현상은?
    ㉮ 캐비테이션　　㉯ 역류
    ㉰ 채터링　　　　㉱ 크래킹

15. 캐비테이션은 공동현상이라고 하며 액상이 기상으로 변하는 현상이다.

16. 다음 서지 압력의 설명 중 틀린 것은?
    ㉮ 유량 제어 밸브의 가변 오리피스를 급격히 폐쇄하면 발생한다.
    ㉯ 유압 작동유에 기포가 발생하면 생긴다.
    ㉰ 서지압은 항상 정상압력보다 높다.
    ㉱ 서지압은 유량 관로의 길이 등에 의해서 변화한다.

16. 대용량의 유압 모터가 고속에서 급정지시 회로 내에 과도적으로 고압이 발생하는데 이 압력을 서어지 압력이라 한다.

17. 4 포트 3 위치 전환 밸브의 중립 위치가 아닌 것은?
    ㉮ 클로즈드 센터형　㉯ 탠덤 센터형
    ㉰ 올 포트 블록형　　㉱ 로터리 센터형

17. 중립위치에서 흐름의 형에는 클로즈드 센터, 오픈 센터, 텐덤 센터, P 포트, R 포트, BR 접속이 있다.

18. 유압의 주회로 내에 최대압을 제어하는 밸브는?
    ㉮ 리턴 밸브　㉯ 시퀀스 밸브
    ㉰ 감압 밸브　㉱ 릴리프 밸브

19. 서지 압력이 생길 수 있는 것은?
    ㉮ 유량 제어 밸브로 작동유가 흐를 때
    ㉯ 전환 밸브의 조작이나 부하의 변동이 있을 때
    ㉰ 전환 밸브로 작동유가 흐를 때
    ㉱ 무부하 밸브에서 조작이 정상일 때

20. 서지 압력이란?
    ㉮ 회로 내에서 작동유의 사용 압력
    ㉯ 펌프에서 토출되는 토출압력

해답　14. ㉯　15. ㉮　16. ㉰　17. ㉱　18. ㉱　19. ㉯　20. ㉱

㉰ 회로 내에서 정상적으로 발생되는 작업압력
㉱ 회로 내에서 과도적으로 발생되는 압력의 최대값

21. 유압회로내의 압력이 설정값 이상으로 되면 기름의 일부 또는 전부를 탱크로 복귀시켜 유압장치를 보호하는 역할을 하는 밸브는?
㉮ 리듀싱 밸브   ㉯ 릴리프 밸브
㉰ 무부하 밸브   ㉱ 유량제어 밸브

22. 유압기기에서 포트 수를 가장 잘 설명한 것은?
㉮ 관로와 접속되는 유량 밸브 접속구의 수
㉯ 관로와 접속되는 체크 밸브 접속구의 수
㉰ 관로와 접속되는 전환 밸브 접속구의 수
㉱ 관로와 접속되는 니들 밸브 접속구의 수

23. 밸브의 고착현상(Hydraulic Lock)이란?
㉮ 주로 저압 장치에서 일어나는 현상이다.
㉯ 밸브의 이상 고압화 현상을 말한다.
㉰ 고압 장치에서 주로 스풀이 슬리브에 접착되는 현상을 말한다.
㉱ 밸브에서 과도하게 발생되는 진동 현상을 말한다.

24. 다음 중 방향 제어 밸브가 아닌 것은?
㉮ 체크 밸브   ㉯ 릴리프 밸브
㉰ 감속 밸브   ㉱ 셔틀 밸브

25. 다음 중 압력 제어 밸브가 아닌 것은?
㉮ 릴리프 밸브   ㉯ 시퀀스 밸브
㉰ 무부하 밸브   ㉱ 체크 밸브

26. 유압 회로 내의 유압이 규정보다 높을 때만 작동하는 밸브는?
㉮ 리듀싱 밸브   ㉯ 유량 제어 밸브
㉰ 방향 제어 밸브   ㉱ 릴리프 밸브

23. 고착현상이란 고압시 스풀이 슬리브에 접착되서 움직이지 않는 현상으로 규정 이상의 압력이나 유량을 흘릴 시에 발생한다.

24. 릴리프 밸브는 압력 제어 밸브이다.

25. 체크 밸브는 방향 제어 밸브이다.

해답 21. ㉯ 22. ㉰ 23. ㉰ 24. ㉯ 25. ㉱ 26. ㉱

27. 릴리프 밸브와 리듀싱 밸브의 공통점은?
   ㉮ 운동방향을 바꾼다.   ㉯ 실린더의 속도를 제어한다.
   ㉰ 출력을 제어한다.   ㉱ 운동순서를 결정한다.

28. 압력 제어 밸브가 아닌 것은?
   ㉮ 스로틀 밸브   ㉯ 무부하 밸브
   ㉰ 카운터 밸런스 밸브   ㉱ 시퀀스 밸브

29. 유량 제어 밸브가 아닌 것은?
   ㉮ 글로브 밸브   ㉯ 스로틀 밸브
   ㉰ 체크 밸브   ㉱ 니들 밸브

30. 분기 회로의 압력 제어에 사용되는 밸브는?
   ㉮ 4/2way 밸브   ㉯ 체크 밸브
   ㉰ 리듀싱 밸브   ㉱ 릴리프 밸브

31. 두 개 이상의 분기 회로에서 실린더와 모터의 작동순서를 결정해 주는 밸브는?
   ㉮ 파일럿 체크 밸브   ㉯ 감압 밸브
   ㉰ 카운터 밸런스 밸브   ㉱ 시퀀스 밸브

32. 압력 스위치의 설명 중 맞는 것은?
   ㉮ 압력계의 일종이다.
   ㉯ 설정압에 도달하면 전기적 신호를 발생시켜 각종 전자 조작 기기를 제어한다.
   ㉰ 압력 제어 밸브가 사용된 회로에서는 반드시 사용한다.
   ㉱ 유압 작동기의 위치를 검출하여 제어기기에 보낸다.

33. 다음 밸브 중 구조가 나머지 셋과 완전히 다른 것은?
   ㉮ 카운터 밸런스 밸브   ㉯ 시퀀스 밸브
   ㉰ 무부하 밸브   ㉱ 릴리프 밸브

34. 카운터 밸런스 밸브의 설명으로 맞는 것은?
   ㉮ 램이 자유 낙하하는 것을 방지하기 위해서 일정한 배압을 걸어 주는 역할을 한다.

27. 릴리프 밸브와 리듀싱 밸브는 압력제어 밸브이다.

30. 리듀싱 밸브는 감압밸브로서 유량이나 입구 측의 압력에 관계없이 입구측 압력보다 낮은 설정 압력으로 조정하는 밸브로서 한 회로에서 2개 이상의 압력을 얻고자 할 때 사용한다.
31. 모터의 작동순서 및 실린더의 작동순서를 정하는 밸브는 시퀀스 밸브이다.

33. 카운터 밸런스 밸브는 부하의 낙하방지를 위해 배압을 부여하는 밸브로서 체크 밸브가 부착되어 있다.

해답
27. ㉰ 28. ㉮ 29. ㉰ 30. ㉰ 31. ㉱ 32. ㉯ 33. ㉮ 34. ㉮

㉮ 소정의 압력이 되면 펌프에서 직접 탱크로 작동유를 귀환시킨다.
㉯ 작동기들의 동작순서를 결정하는 역할을 한다.
㉰ 작업량을 계산하는 밸브이다.

35. 시퀀스 밸브의 설명 중 틀린 것은?
㉮ 주회로에서 몇 개의 실린더를 순차적으로 동작시킨다.
㉯ 구조상으로는 직동형과 파일럿형이 있다.
㉰ 직동형은 응답성이 나빠서 고압용에만 쓰인다.
㉱ 드레인 회로가 외부드레인으로 직접 탱크에 접속되어 있다.

36. 무부하 밸브를 올바르게 설명한 것은?
㉮ 회로 내의 압력이 소정의 압력에 도달하면 압류를 펌프로부터 직접 탱크로 귀환시키는 밸브이다.
㉯ 회로 전체의 안전을 위한 밸브이다.
㉰ 2단 속도 세어에 이용되는 밸브이다.
㉱ 복수의 엑추에이터의 작동순서를 결정하는 밸브이다.

37. 감압 밸브의 특징이 아닌 것은?
㉮ 회로압을 릴리프 밸브의 압력보다 낮게 한다.
㉯ 출구측의 압력을 일정하게 한다.
㉰ 회로 전체의 안전에 사용된다.
㉱ 출구측의 압력을 감지하여 제어한다.

38. 채터링 현상이란?
㉮ 밸브의 개폐가 연속적으로 반복되어 심한 진동과 소음을 일으키는 현상
㉯ 펌프가 작동유를 토출하지 못하면서 심한 소음을 일으키는 현상
㉰ 압력 오버라이드가 거의 없을 때 일어나는 현상
㉱ 작동유에 공기가 혼입되어 일어나는 현상

39. 압력 오버라이드(Pressure Override)란?
㉮ 전압력과 크래킹 압력의 차

---

36. 무부하 밸브는 회로의 압력이 설정치에 달하면 펌프를 무부하로 하는 밸브이다.

38. 좁은 틈으로 유량 유출시 압력 에너지가 속도 에너지로 전환되어 포핏이 열리지 않거나 압력 저하가 급격히 일어나 시트면에 급격히 부딪쳐 심한 소음을 발생하는 현상을 채터링 현상이라 한다.

39. 오버라이드 압력은 크래킹 압력과 전유량시 압력의 차이다.

해답 35. ㉱ 36. ㉮ 37. ㉰ 38. ㉮ 39. ㉮

㉯ 크래킹 압력과 토출압력의 차
㉰ 전압력과 토출압력의 차
㉱ 크래킹 압력과 서지 압력의 차

40. 밸브의 오리피스 부분이 열려 기름이 탱크에 흐르기 시작할 때의 압력은?
    ㉮ 작동압력   ㉯ 크래킹 압력
    ㉰ 전압력   ㉱ 토출압력

크래킹 압력이란 릴리프 밸브가 작동하여 기름이 흐르기 시작할 때의 입력이며 밸브가 전부 열려 유압 펌프의 토출량을 전부 탱크로 보낼 때의 압력을 전유량시 압력이라고 한다.

41. 밸브의 고착현상을 방지하는 방법이 아닌 것은?
    ㉮ 스풀의 랜드부에 누설에 지장이 없는 한 홈을 파서 압력 평형을 이루도록 한다.
    ㉯ 스풀에 고주파 미소 진동을 발생시킨다.
    ㉰ 스풀의 표면을 되도록 평활하게 다듬질한다.
    ㉱ 가능한 작동압을 고압으로 사용한다.

41. 밸브의 고착현상은 작동압이 고압일 때 발생한다.

42. 유량 제어밸브로만 구성된 항은?
    ㉮ 원판 밸브, 니들 밸브, 스로틀 밸브
    ㉯ 로터리 밸브, 포핏 밸브, 전환 밸브
    ㉰ 포핏 밸브, 니들 밸브, 안전 밸브
    ㉱ 릴리프 밸브, 압력 스위치, 볼 밸브

43. 다음 중 복동 실린더의 방향을 제어할 수 있는 밸브는?
    ㉮ 3/2way 밸브   ㉯ 체크 밸브
    ㉰ 4/2way 밸브   ㉱ 셧오프 밸브

44. 감속 밸브의 역할을 가장 잘 설명한 것은?
    ㉮ 한 동작중 속도 조절   ㉯ 실린더의 전·후 속도조절
    ㉰ 펌프의 회전 속도 조절 ㉱ 모터의 속도 조절

44. 감속 밸브는 디셀러레이션 밸브라고 하며 구농기기의 속도를 가속, 감속, 정지시키는 밸브이다.

45. 압류의 흐름을 한 방향으로만 통과시켜 역 방향의 흐름을 믹는 밸브는?
    ㉮ 직동형 릴리프 밸브   ㉯ 파일럿 조작형 릴리프 밸브
    ㉰ 앵글형 체크 밸브   ㉱ 로터리 밸브

답 해 40. ㉯ 41. ㉱ 42. ㉮ 43. ㉰ 44. ㉯ 45. ㉰

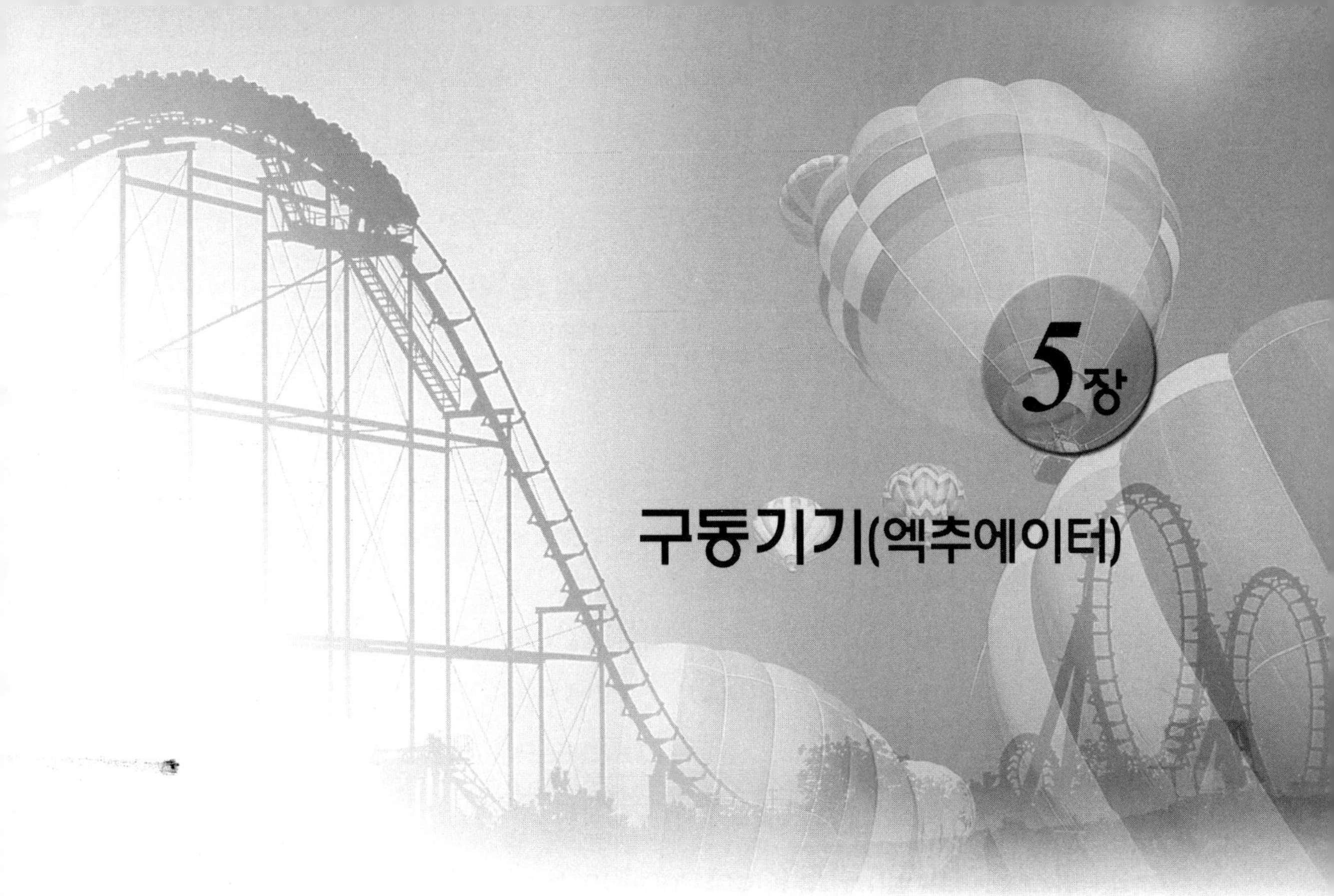

5장 구동기기(엑추에이터)

유압유의 압력에너지로 기계적인 일을 하는 기기이다.

5·1 구동기기 분류

(1) 구조상의 분류

직선운동으로 변환하는 기기를 유압실린더, 연속회전 운동을 하는 기기를 유압 모터, 회전 운동의 각도가 제한되어 있는 요동 엑추에이터로 분류한다.

- 엑추에이터
  - 유압 모터
    - 기어 모터
    - 베인 모터
    - 나사 모터
  - 유압 실린더
    - 피스톤형
      - 사축식
      - 사판식
    - 램형
    - 벨로우즈형
    - 격막형
  - 요동 엑추에이터
    - 베인형
    - 피스톤형

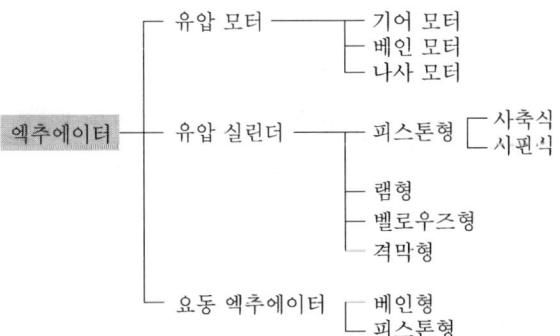

(2) 작동기능상의 분류

연속회전형, 요동형, 왕복동형으로 구분한다.

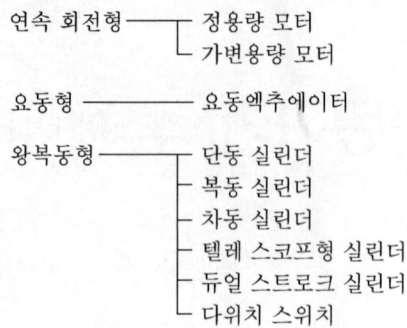

5·2 유압 실린더의 구조 (Construction Hydraulic Cylinder)

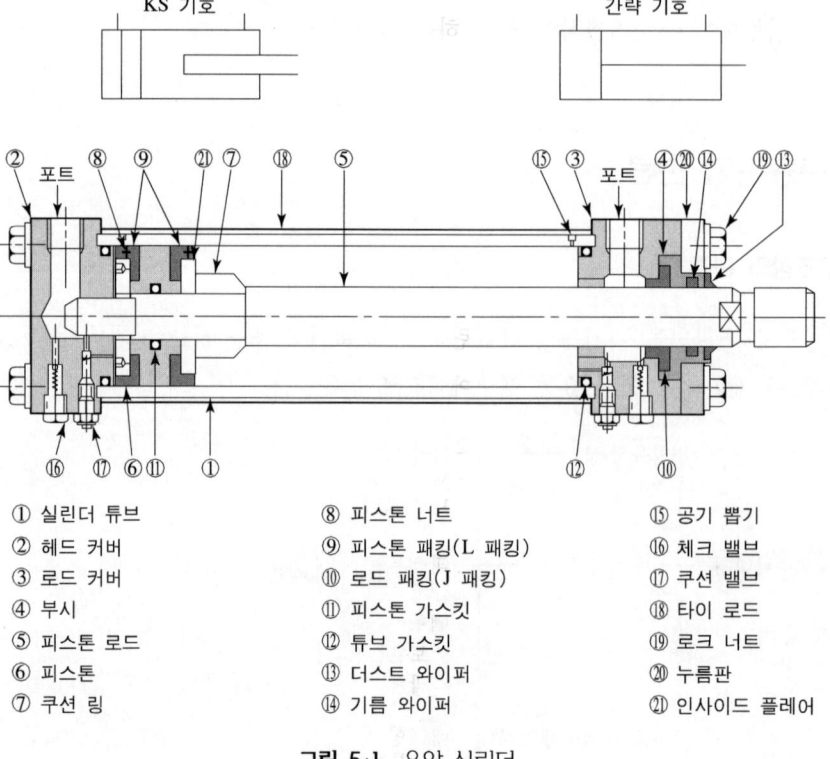

① 실린더 튜브
② 헤드 커버
③ 로드 커버
④ 부시
⑤ 피스톤 로드
⑥ 피스톤
⑦ 쿠션 링
⑧ 피스톤 너트
⑨ 피스톤 패킹(L 패킹)
⑩ 로드 패킹(J 패킹)
⑪ 피스톤 가스킷
⑫ 튜브 가스킷
⑬ 더스트 와이퍼
⑭ 기름 와이퍼
⑮ 공기 뽑기
⑯ 체크 밸브
⑰ 쿠션 밸브
⑱ 타이 로드
⑲ 로크 너트
⑳ 누름판
㉑ 인사이드 플레어

그림 5·1 유압 실린더

5·3 피스톤에 사용되는 밀봉장치

(1) 피스톤 링(piston ring)

피스톤링을 사용한 피스톤은 끼워 맞춤을 적절하게 하면 누유를 최소한으로 줄일 수는 있으나 완벽하게 누유를 막을 수 없는 단점이 있다.

(2) 컵 패킹(cup packing)

피스톤의 양측면에 합성고무나 피혁으로 만든 L형 패킹을 붙인 구조이다.

(3) V 패킹(V packing)

합성고무나 피혁재질의 V형 패킹을 여러 개 겹쳐서 리테이너링(retainer ring)으로 고정시켜 놓은 피스톤 형태이다.

(4) O링(O-ring)

피스톤 외주에 설치한 O링 한 개만으로 양면의 압력에 견딜 수 있으므로 피스톤의 두께가 얇아질 수 있다.

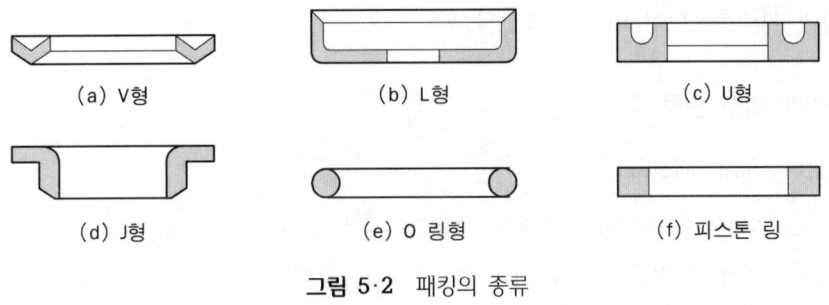

(a) V형　　(b) L형　　(c) U형
(d) J형　　(e) O 링형　　(f) 피스톤 링

그림 5·2 패킹의 종류

5·4 유압 모터 (Hydraulic Motors)

유압유의 압력에너지를 이용하여 연속회전운동의 기계적 일로 변환시키는 작동기로서 유압모터의 구조는 앞장에서 다룬 유압펌프와 비슷하다.

유압 모터와 유압펌프의 다른 점은 다음과 같다.

① 내부 포트의 작동시간이 다르며 내부 부품의 배열도 약간의 차이가 있다.
② 펌프는 기계적 에너지를 압력에너지로 변환하는 압력원이므로 드레인(drain) 포트가 없다. 그러나 모터는 외부의 압력에너지로 부토 기계적 에너지를 생성시키는 것이므로 축의 밀봉장치를 보호하기 위하여 케이스 드레인(case drain)이 필요하다.
③ 유압 모터는 펌프에 비하여 무단계로 회전수를 조정할 수가 있고 역회전도 가능하다. 그리고 필요한 출력의 크기는 회로상의 압력조절 밸브로 조정한다.

5·4·1 유압 모터의 분류 (Types of Hydraulic Motor)

(1) 유량의 변화에 의한 분류

● 정용량형 (fixed displacement type) 유압 모터

유압 모터를 1회전시키기 위한 유량이 일정한 모터로서 압력이 일정하면 출력토크(torque)가 일정하여 변동시킬 수 없다. 그러므로 항상 일정한 유량과 출력토크를 요하는 곳에 쓰여지며 기어모터(gear motor), 베인모터(vane motor), 피스톤모터(piston motor)등이 있다.

● 가변용량형 (variable displacement type) 유압 모터

유압 모터를 1회전시키기 위한 유량이 변화하는 것으로 일정한 압력에서 토크를 변화시키는데 사용되며 피스톤모터가 여기에 속한다.

(2) 구조에 의한 분류

● 기어모터 (Gear Motor)

기어모터는 외접형과 내접형이 있으며 구조는 기어펌프와 유사하다. 고압의 유압유가 공급되면 두 기어의 맞물림 점을 경계로 하여 입구측압력 p_1이 출구측 압력 p_2보다 높고, 또 압력은 잇면에 수직방향으로 작용하므로 두 기어를 회전시키면서 토크가 발생한다.

기어모터의 특징은 소형 경량에 비하여 발생 토크는 크고 관성력은 작으므로 응답성이 좋다. 또 구조가 간단하고 가격이 저렴하므로 건설기계, 산업차량, 공작기계 등에 많이 이용된다. 그러나 구조상 불균형이 많고 100[rpm] 이하의 저속에서는 토크출력 및 회전속도의 맥동율이 커져서 사용할 수 없는 것이 단점이다. 기어모터의 전효율은 70~80[%]이며, 회전속도는 1000~3000[rpm]이지만 최근에는 3000[rpm]이 넘는 것도 개발되고 있다.

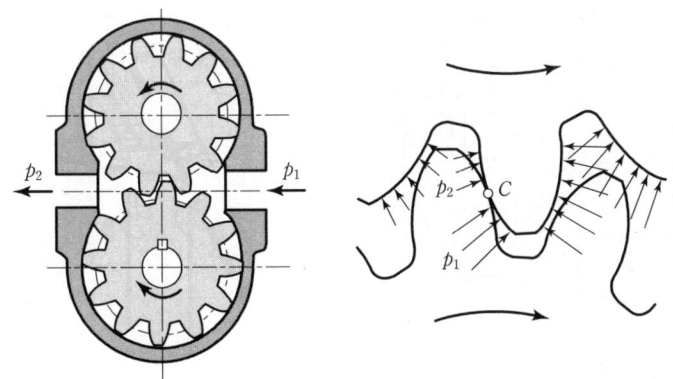

그림 5·3 기어모터의 구조

● 베인모터(Vane Motor)

베인모터(vane motor)의 구조는 베인펌프와 유사하다. 항상 캠링 접동면에 압착되어 있으므로 고압의 유압유가 입구에서 베인, 로터, 캠링으로 둘러싼 용적을 채운다. 이때 입구로 유입된 고압의 유압유가 베인면에 작용하여 출구와의 전압력차에 비례한 토크가 발생하여 축이 회전하게 된다.

베인모터의 전효율은 70~80[%] 정도이고 150[rpm] 이하의 저속에는 적당하지 않으며 크기와 출력은 기어모터와 피스톤 모터의 중간 정도이다. 베인모터는 선박용 윈치(winch), 공작기계 등에 사용되고 있다.

베인모터의 장점은 구조가 비교적 간단하고, 토크변동이 적으며, 로터에 작용하는 압력이 평형을 유지하므로 베어링하중이 작다. 또한 베인이나 캠링이 마모되더라도 스프링 등에 의하여 베인과 캠링의 접촉이 유지되므로 누설이 증가하지 않는다.

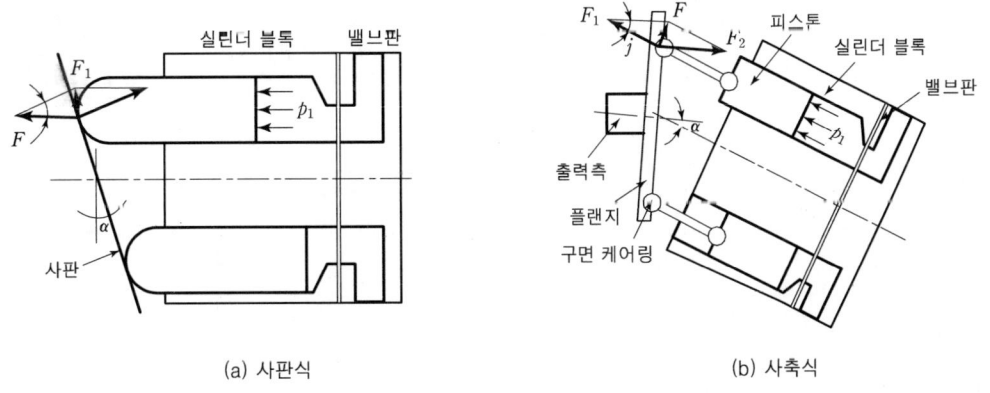

(a) 사판식   (b) 사축식

그림 5·4 엑시얼 피스톤 모터

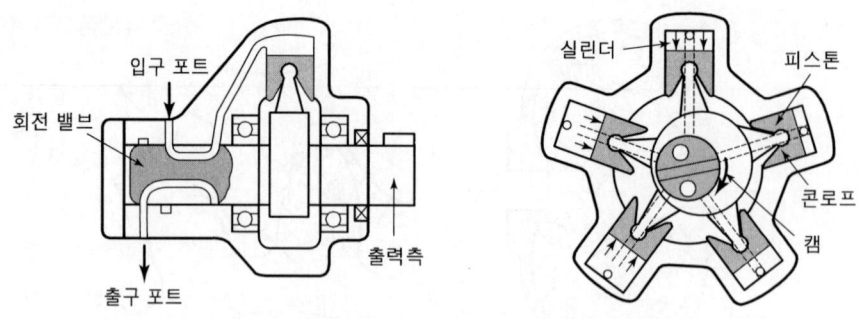

그림 5·5 레이디얼 피스톤 모터

베인모터의 단점으로는 가동시나 저속시에 토크효율이 낮고 각 부분의 치수, 직각도 등은 상당한 정도(精度)가 요구된다.

● **피스톤모터(Piston Motor)**

피스톤펌프와 거의 유사하며 엑시얼형(axial type)과 레이디얼형(radial type), 그리고 정용량형과 가변용량형으로 분류할 수 있다. 피스톤모터는 기어 모터나 베인모터에 비하여 고압 작동에 적합하고 회전 실린더형은 가변용량형으로 만들기가 쉬운 특징이 있다.

표 5·1 실린더 종류

명칭	기호	명칭	기호
단동 실린더	상세 기호 / 간략 기호	복동 실린더 (쿠션 붙이)	
단동 실린더 (스프링 붙이)		단동 텔레스코프형 실린더	
		복동 텔레스코프형 실린더	
복동 실린더		램형 실린더	

피스톤모터는 사용조건에 따라 중 고속 저 토크에 사용되는 것과 저 속도 고 토크에 사용되는 것이 있다. 현재 회전 실린더형 엑시얼 피스톤 모터는 중 고속 저 토크용으로 많이 사용되고, 레디얼 피스톤모터와 사판식 엑시얼 피스톤 모터는 저속 고 토크용으로 사용된다.

표 5·2 펌프 종류

명 칭	기 호	비 고
펌프 및 모터	유압 펌프 / 공기압 모터	· 일반기호
유압 펌프		· 1방향 유동 · 정용량형 · 1방향 회전형
유압 모터		· 1방향 유동 · 가변 용량형 · 조작기구를 특별히 지정하지 않는 경우 · 외부 드레인 · 1방향 회전형 · 양축형
공기압 모터		· 2방향 유동 · 정용량형 · 2방향 회전형
정용량형 펌프·모터		· 1방향 유동 · 정용량형 · 1방향 회전형
가변용량형 펌프·모터 (인력조작)		· 2방향 유동 · 가변 용량형 · 외부 드레인 · 2방향 회전형
요동형 액추에이터		· 공기압 · 정각도 · 2방향 요동형 · 축의 회전방향과 유동방향과의 관계를 나타내는 화살표의 기입은 임의
유압 전도장치		· 1방향 회전형 · 가변용량형 펌프 · 일체형

5·5 유압요동모터 (Hydraulic Oscillating Motor)

360° 이내의 제한된 회전운동을 하는 유압 엑추에이터이다. 유압요동 모터를 사용하면 불필요한 링크(link)기구가 필요 없게 되고, 감속기구도 필요 없이 비교적 작은 공간 내에서 회전운동을 얻을 수 있다.

5·5·1 유압요동모터의 종류 (Type of Hydraulic Oscillating Motor)

(1) 베인형 요동모터 (Vane Type Oscillating Motor)

내부누설이 다소 있고 부하 상태에서 중립위치 정지를 장시간 유지하기가 어렵다. 그러나 구조가 간단하고 소형이기 때문에 설치공간이 적게 요구되므로 많이 사용한다. 내부 누설은 보통 압력 $70\,kg_f/cm^2$에서 유량은 $50 \sim 300\,cc/min$ 정도의 누설이 있다.

단일 베일형 요동모터로서 280°까지 요동각을 취할 수 있으나 내부가 유압평형이 이루어져 있지 않기 때문에 베어링은 불평형력을 받게 된다. 그러나 베어링은 유압유에 의한 레이디얼 하중을 받지 않으므로 기계적 효율이 단일 베인형보다 높다. 이중 베인형 요동모터로서 요동각이 100° 이하이다. 삼중 베인형은 요동각이 60° 이하이다. 일반적으로 전효율은 단일 베인형이 75~80%이고 이중 베인형이 85~90%이다.

(2) 피스톤형 요동모터 (Piston Type Oscillating Motor)

베인형에 비해 요동각은 자유로이 얻을 수 있으나 외관형상이 길어지고 설치공간이 많이 요구된다. 구조는 유압실린더와 같이 유압에 의한 피스톤의 직선운동으로 각종 기구를 사용하여 회전운동으로 변환시키는 구조로 되어있다.

랙과 피니언형 요동모터로서 구조에 따라 단일형(a)과 이중형(b)으로 나눌 수 있다. 그 작동방법은 랙과 피스톤이 일체가 되어서 피니온기어를 회전시켜서 출력축에 회전력을 전달시킨다. 요동각은 랙의 길이에 따라서 다르며 360°까지 가능하다.

5·6 유압 모터의 동력과 효율 (Power Efficiency of Hydraulic Motor)

(1) 동 력(Power)

● 유동력(oil power)

유압 모터에 공급되는 유압유의 압력은 P, 유량은 Q일 때 유압유의 동력, 즉 유동력 L_p는 다음과 같다.

$$L_p = PQ$$

유압 모터의 구동시에 누설과 마찰에 의한 손실을 무시하면 유압 모터의 이론(축)동력 L_{th}는 다음과 같다.

$$L_p = PQ = 2\pi N T_{th}$$

N : 회전수 T_{th} : 이론토크

● 축동력(shaft power) : L

실제로는 기계적 마찰손실과 누설손실이 발생하므로 실제 유압 모터의 출력, 즉 축동력 L은 다음 식으로 표시된다.

$$L = 2\pi N T$$

T : 실제출력토크

그러므로 토크효율 η_T는 다음과 같다.

$$\eta_T = \frac{T}{T_{th}} = 1 - \frac{\Delta T}{T_{th}}, \quad T_{th} = \frac{Pq}{2\pi} \ (P\,[\text{kg/m}^2], \ q\,[\text{m}^3/\text{rev}])$$

● 전효율(total efficiency)

유압 모터의 전효율은 다음과 같이 표시할 수 있다.

$$\eta = \frac{L}{L_{th}} = \frac{L}{L_o} = \eta_v \eta_T$$

연습문제

1. 유압 실린더에서 출력을 조절하려면?
   ㉮ 유량을 조절한다. ㉯ 압력을 조절한다.
   ㉰ 속도를 조절한다. ㉱ 작동유를 묽게 한다.

2. 엑시얼 유압 모터와 레이디얼 유압 모터가 있으며, 작동 압력이 $10\sim350\,[\text{kg}_f/\text{cm}^2]$, 회전수 $1\sim4000\,[\text{rpm}]$ 정도를 낼 수 있는 유압모터는?
   ㉮ 기어모터   ㉯ 베인모터
   ㉰ 피스톤 모터 ㉱ 요동모터

3. 1회전당 송출체적이 가장 큰 범위까지 낼 수 있는 유압모터는 어느 형인가?
   ㉮ 기어모터   ㉯ 액시얼 피스톤 모터
   ㉰ 베인모터   ㉱ 레이디얼 피스톤 모터

4. 유압 베인모터의 1회전당 유량이 $20\,[\text{cc}]$인 경우, 기름의 공급 압력이 $70\,[\text{kg}_f/\text{cm}^2]$, 유량 $20\,[l/\text{min}]$이면 발생 최대 토크는 몇 $[\text{kg}_f\cdot\text{cm}]$인가?
   ㉮ 22.3 ㉯ 223 ㉰ 32.3 ㉱ 323

5. 위 문제에서 전효율이 $80\,[\%]$이면 출력은 몇 PS인가?
   ㉮ 1.5 ㉯ 2.5 ㉰ 3.5 ㉱ 4.5

6. 유압 모터의 토크 효율 η_T, 체적효율 η_v일 때 전효율 η는 얼마인가?
   ㉮ η_T/η_r ㉯ $\eta_T+\eta_v$
   ㉰ $\eta_T-\eta_v$ ㉱ $\eta_T\times\eta_v$

---

1. 출력(F)은 압력×면적이다.

2. 작동압력이 $350\,[\text{kg}/\text{cm}^2]$은 고압이므로 피스톤 모터가 적합하다.

3. 레이디얼 피스톤 모터는 구조상 배제용적을 크게 할 수 있다.

4. $T=\dfrac{pq}{2\pi}=\dfrac{70\times20}{2\pi}=222.8$
   $=223\,[\text{kg}_f\cdot\text{cm}]$

5. $H=\dfrac{PQ\eta}{75}=\dfrac{70\times10^4\times20\times10^{-3}}{75}$
   $=2.48=2.5\,[\text{PS}]$

해답 1. ㉯ 2. ㉰ 3. ㉱ 4. ㉯ 5. ㉯ 6. ㉱

7. 유압 동력을 직선 왕복운동으로 변환하는 기구는?
   ㉮ 유압 회전 모터   ㉯ 유압 요동 모터
   ㉰ 유압 실린더   ㉱ 유압 축압기

8. 유압 엑추에이터에 속하지 않는 것은?
   ㉮ 유압 실린더   ㉯ 유압 펌프
   ㉰ 유압 모터   ㉱ 요동 모터

9. 유압 실린더는 어떤 기능을 하는가?
   ㉮ 유압이 갖는 에너지를 속도 에너지로 변환시킨다.
   ㉯ 유압이 갖는 에너지를 기계적 에너지로 변환시킨다.
   ㉰ 유압이 갖는 에너지를 위치 에너지로 변환시킨다.
   ㉱ 유압이 갖는 에너지를 전기 에너지로 변환시킨다.

10. 요동 모터의 종류가 아닌 것은?
    ㉮ 래크 피니언형   ㉯ 피스톤 체인형
    ㉰ 기어 링크형   ㉱ 피스톤 링크형

11. 실린더 장착 방식 중 축심이 고정되어 있는 것은?
    ㉮ 볼형   ㉯ 크레비스형
    ㉰ 타이로드형   ㉱ 트라니온형

12. 실린더 장착 방식 중 축심이 회전할 수 있는 방식은?
    ㉮ 크레비스형   ㉯ 플랜지형
    ㉰ 트라니온형   ㉱ 푸트형

13. 다음 중 회전운동을 하는 엑추에이터는?
    ㉮ 유압펌프   ㉯ 유압실린더
    ㉰ 유압모터   ㉱ 로터리 밸브

14. 유압실린더의 기능은?
    ㉮ 작동유에 압력을 부여한다.
    ㉯ 직선 왕복운동으로 기계적 일을 한다.
    ㉰ 유압 상지의 유량을 제어한다.
    ㉱ 에너지 보조원이다.

8. 엑추에이터(구동기기)에는 유압 실린더, 요동 엑추에이터, 유압 모터가 있다.

9. 유압실린더는 유압에너지를 기계적 에너지로 전환 직선왕복운동을 한다.

11. 실린더의 지지 방식에 의한 구분은 푸우트형, 크레비스, 트러니언형, 플랜지형으로 구분되며 크레비스형은 축심을 핀으로 고정하는 형이고 핀을 중심으로 요동하는 실린더는

해답
7. ㉰   8. ㉯   9. ㉯   10. ㉰   11. ㉯   12. ㉰   13. ㉰   14. ㉯

15. 유압 에너지로 기계적 일을 하는 장치는?
 ㉮ 유압 엑추에이터   ㉯ 유압 펌프
 ㉰ 유압 축압기   ㉱ 유압 밸브

16. 유압실린더의 구성품이 아닌 것은?
 ㉮ 피스톤   ㉯ 실린더 튜브
 ㉰ 유압쿠션   ㉱ 스풀

17. 단, 피스톤 로드에 부하가 없는 경우 $P_a = 30\,[\mathrm{kg_f/cm^2}]$이면 발생하는 P_o는 얼마인가?
 (단, $D = 50\,[\mathrm{mm}]$, $d = 25\,[\mathrm{mm}]$)
 ㉮ 20   ㉯ 30   ㉰ 40   ㉱ 50

17. $P_a \dfrac{\pi D^2}{4} = P_o \dfrac{\pi(D^2 - d^2)}{4}$

$P_o = \dfrac{P_a D^2}{(D^2 - d^2)} = \dfrac{30 \times 5^2}{5^2 - 2.5^2}$

$= 40\,[\mathrm{kg/cm^2}]$

18. 유압 엑추에이터와 관계없는 것은?
 ㉮ 요동 모터   ㉯ 유압실린더
 ㉰ 유압 모터   ㉱ 유압펌프

19. 유압모터 중 가변 용량형으로 사용할 수 없는 것은?
 ㉮ 엑시얼 모터   ㉯ 기어 모터
 ㉰ 레이디얼 모터   ㉱ 베인 모터

20. 토출 압력이 큰 순서대로 나열된 것은?
 ㉮ 기어모터 - 베인모터 - 엑시얼 플런저 모터
 ㉯ 레이디얼 플런저 모터 - 엑시얼 플런저 모터 - 기어모터
 ㉰ 레이디얼 플런저 모터 - 베인모터 - 기어모터
 ㉱ 베인모터 - 플런저 모터 - 기어모터

해답
15. ㉮   16. ㉱   17. ㉰   18. ㉱   19. ㉯   20. ㉰

6장 부속기기(Accessories)

유압시스템에서 중요한 구성요소는 유압펌프, 유압제어밸브, 유압 엑추에이터를 들 수 있지만, 이 외에도 여러 가지의 부속기기들이 필요하다. 일반적으로 유압시스템에 필요한 부속기기로는 다음의 것들이 있다.

- 기름탱크(oil tank, reservoir)
- 축압기(accumulator)
- 증압기(booster)
- 여과기(filter and strainer)
- 열교환기(heat exchanger)
- 배관(piping)

6·1 기름탱크(Oil Tank, Reservoir)

공압시스템에서는 작동기를 거친 공기는 대기로 방출하면 되지만 유압시스템에서는 유압유

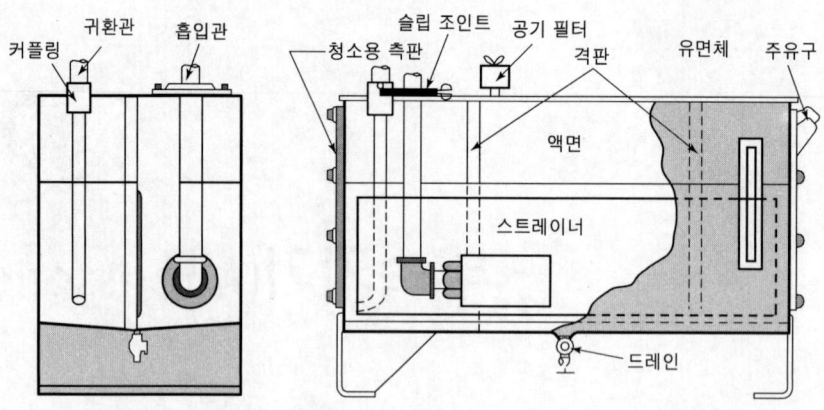

그림 6·1 기름탱크의 구조

는 장시간 반복적으로 기기와 배관을 순환하게 된다. 유압유를 저장하는 기능을 주로 하지만 기름속에 포함되는 불순물이나 기포를 분리시키고 마찰과 압력상승에 의하여 발생하는 열을 발산하여 유온을 유지시키는 역할도 하여야 한다.

6·1·1 유압탱크 설계시 고려사항

① 탱크는 먼지, 수분 등의 이물질이 들어가지 않도록 밀폐형으로 하고 통기구(air bleeder)를 설치하여 탱크내의 압력은 대기압을 유지하도록 한다.
② 탱크의 용적은 충분히 여유있는 크기로 하여야 한다. 일반적으로 탱크내의 유량은 유압펌프 송출량의 약 3배로 한다. 유면의 높이는 $\frac{2}{3}$ 이상이어야 한다.
③ 탱크내에는 그림 6·1과 같이 격판(baffle plate)을 설치하여 흡입측과 귀환측을 구분하며 기름은 격판을 돌아 흐르면서 불순물을 침전시키고, 기포의 방출, 유압유의 방역 및 온도의 균일화가 이루어 진다.
④ 흡입구와 귀환구사이의 거리는 가능한 한 멀게 하여 귀환유가 바로 유압펌프로 흡입되지 않도록 한다.
⑤ 펌프 흡입구에는 기름 여과기(strainer)를 설치하여 이물질을 제거하고 통기구(air bleeder)에는 공기 여과기를 설치하여 이물질이 혼입되지 않도록 한다(대기압 유지).
⑥ 유온과 유량을 확인할 수 있도록 유면계와 유온계를 설치하여야 한다.

6·2 축압기(Accumulator)

6·2·1 축압기의 사용목적

축압기의 가장 중요한 사용목적은 유압에너지의 보조원으로 사용되는 것이다. 유압 엑추에이터에서 순간적으로 큰 압력이 요구될 때 펌프에서 발생되는 압력으로는 순간적인 압력상승이 어려우므로 축압기의 압력을 이용한다. 또한 작업이 간헐적으로 이루어지는 경우에는 축압기를 사용하여 펌프를 소형화 할 수 있다.

축압기는 유압펌프에서 발생하는 맥동압력을 흡수하여 회로내의 압력을 일정하게 유지할 수 있다. 부하의 변동이나 밸브의 개폐를 급하게 하면 회로내 맥동압력이 발생되는데 이 압력은 불필요한 고압으로서 회로상의 기기를 손상시킬 염려가 있다. 이러한 서지압을 흡수하여 배관 등의 기기의 파손을 방지할 수 있다.

펌프가 송출하는 유량보다도 순간적으로 많은 유량이 요구되는 작동기에서는 부족한 유량을 축압기에서 보충해주어야 한다. 그 밖에 누설로 인한 손실유량이나 온도변화에 따른 체적 변화의 보상용으로도 사용된다. 또한 축압기는 정전이나 동력원의 고장으로 인한 비상 동력원이 될 수도 있으며 유압펌프를 정지시킨 채 회로상의 일정한 소정의 압력을 유지시킬 수도 있다.

6·2·2 축압기의 종류

축압기는 유체를 에너지원으로 사용하기 위하여 가압 상태로 저축하는 용기이다.

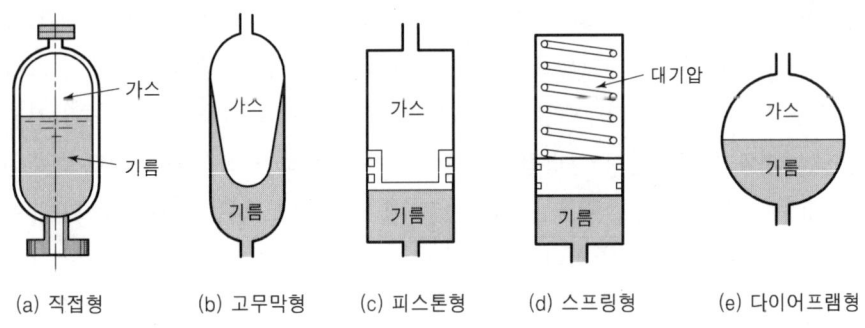

그림 6·2 축압기의 종류

(1) 비분리형 축압기(nonseparator type accumulator)

유압유와 압축된 기체가 직접 접하고 있는 형식으로 고압에서는 기체가 유압유에 용해되므로 고압용으로 사용할 수 없으나 저압에서는 용해가 잘 되지 않으므로 펌프 흡입압력을 높여주기 위하여 사용된다.

(2) 분리형 축압기(seperator type accumulator)

유압유와 기체를 분리시킨 형식의 축압기라 하며, 그 종류는 고무막형, 피스톤형, 스프링형, 다이어프램형 등이 있다.

축압기의 목적을 정리하면 다음과 같다.

① 유압 에너지의 축적
② 2차 회로의 보상
③ 압력 보상(카운터 밸런스)
④ 맥동 제어(노이즈 댐퍼)
⑤ 충격 완충(oil hammer)
⑥ 액체 수송(트랜스퍼베리어)
⑦ 고장, 정전 등의 긴급 유압원

6·3 증압기 (Booster)

압력변환기라고도 하며, 회로 중에 일부의 압력을 고압으로 하고자 할 때 사용한다. 저압대 유량의 동력을 고압소유량의 동력으로 변환하는 유압기기이며, 증압기를 고압 펌프대신 이용하면 경제적인 면에서 유리하다. 증압기는 기능상 한 방향으로 작동할 때만 증압기능을 수행하는 단동 증압기와 왕복행정시 양방향의 증압기능을 수행하는 복동 증압기로 분류한다.

증압기는 유압실린더의 로드 끝단(rod end)을 램(ram)으로 하는 실린더로 되어 있어서 저압과 고압의 압력차는 램의 면적비에 반비례한다.

$$P_1 A_1 = P_2 A_2$$

$$P_2 = P_1 \frac{A_1}{A_2}$$

표 6·1 공유압 변환기

6·4 여과기 (Strainer, Filter)

유압유는 먼지나, 금속편 등의 이물질로 오염될 가능성이 있으며 유압유의 오염은 유압기기의 파손 내지 유압시스템의 작동불량을 일으키는 원인이 된다. 유압시스템에는 이러한 유압유 중의 이물질을 없애고 청정한 유압유로 만들기 위한 여과기가 필요하다.

여과기중에서 펌프 흡입측에 설치하여 유압유 중의 이물질을 분리시키는 것을 스트레이너 (strainer), 펌프의 송출측이나 회로의 귀환측에 설치하여 여과작용을 하는 것을 필터(filter)라 한다. 또한 오일탱크속에 있는 금속편을 제거하는 목적으로 사용되는 자석봉도 일종의 여과기이다.

6·4·1 유압유의 오염원인

① 제조 중의 조립과정에서 이물질이 들어가는 경우도 있고 단조, 용접, 열처리 과정에서 산화물 찌꺼기와 주물중의 모래가 끼어드는 것은 완전히 제거하기 힘들다.
② 외부로부터 혼입되는 경우로는 공기중의 먼지의 침입, 유압유를 급유할 때 통이나 급유장치에 의한 오염, 보수나 수리를 위해 유압장치를 해체해 놓았을 때 외부에서 들어가는 이물질 등이 있다.
③ 작동 중에 발생되는 경우로는 펌프로부터 마찰에 의하여 금속가루가 생기고 나사나 기계적 연결부의 진동이나 마찰로 역시 금속가루가 생긴다.

6·4·2 필터의 종류

● 탱크용 필터 : 스트레이너

① 관로용 필터 : 표면식은 여과지와 철망을 사용하며, 적층식은 여과면이 많아 겹쳐 있다.
② 통기용 필터 : 기름 탱크에 연결한다.

6·4·3 필터 성능표시시 주의 사항

① 엘리먼트의 강도
② 압력 강하
③ 반복압에 의한 내구성
④ 입도

6·4·4 오염이 유압시스템에 미치는 영향

① 유압펌프에서는 베인펌프의 베인, 기어펌프의 기어, 피스톤펌프의 피스톤의 접동부 마모를 빠르게 하여 작동을 열화시킨다.
② 제어밸브에서도 접동부의 마모를 빠르게 하고 시트(seat)부나 오리피스(orifice)부의 작동을 불량하게 하거나 채터링(chattering)을 발생시킨다.
③ 방향제어밸브에서도 접동부를 마모시키거나 록(lock) 현상을 일으켜 솔레노이드(solenoid)를 손상시킨다.
④ 유량제어밸브에서는 오리피스의 마모를 빠르게 하거나 오리피스를 막아서 작동이 되지 않는다.
⑤ 유압실린더에서는 O링이나 U링 등의 손상을 주어 누설의 원인이 된다.

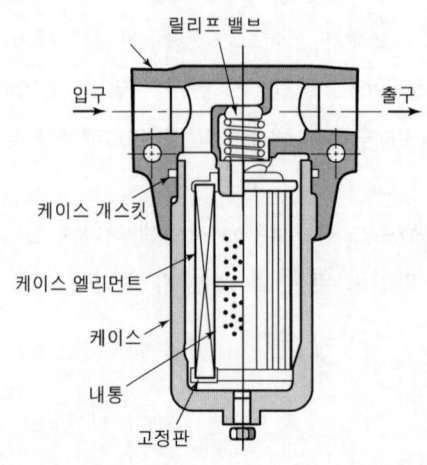

그림 6·3 여과기의 구조

6·5 냉각기 (쿨러)

유압회로에서 유압유의 온도는 일반적으로 30~55[°C]가 적당하나 이 유온의 이상 또는 이하에서는 기능이 저하되므로 열량의 발생시 냉각기가 필요하다.
일반적으로 릴리프 밸브의 복귀측에 설치하는 것이 보통이다.

6·6 유압 회로도

(1) 유압 회로도의 종류

● 단면 회로도
작동유의 흐름이 알기쉬워 기기의 작동을 설명하기 편리하다(교육용).

● 기호 회로도
유압기호의 사용 기능 및 조작방법을 정확히 한다(유압지식이 필요하다).

● 조합 회로도
단면 회로도와 기호 회로도를 조합한다.

● 그림 회로도
그림으로 나타낸 것으로 배관용이나 판매용에 사용한다.

6·7 관 이음 (Pipe Joint)

관 이음은 관과 관 또는 유압기기와 관의 각 요소를 연결시켜주는 요소이다. 유압시스템으로부터 발생되는 진동 혹은 밸브 변환 때 발생되는 충격파 등에 의하여 관이음이 이완되거나 파손되어 유압시스템이 기능을 상실하는 경우가 있다. 그러므로 관이음의 재료 선택과 형상 선정은 잘 고려되어야 하며 유압장치용 관이음으로서는 아래와 같은 구비조건을 갖추어야 한다.

① 조립분해가 쉽고 재현성이 있어야 한다.
② 특수 공구가 필요하지 않아야 한다.

③ 충격, 진동에 강하고 쉽게 이완되지 않아야 한다.
④ 통로 넓이에 심한 변화를 미치지 않아야 한다.
⑤ 외경과 길이가 소형이라야 한다.

(1) 나사 이음(Screw Joint)

나사 이음은 끝면에 관용 나사를 절삭하여 직접 기기에 부착시키거나 관과 관을 접속시킬 때 사용된다. 유압 장치용으로서 140~210 [kg_f/cm^2]의 압력에 견디는 강제의 이음류가 제조 판매되고 있다. 그러나 고압에는 일반적으로 부적당하고 또 누설이 발생하는 곳에서는 사용이 곤란하다.

관과 관 이음류와의 연결법에 대해서는 여러 가지 방법이 충격, 진동에 견딜 수 있도록 개발 되었으나 기기와 관 이음류와의 연결방법은 아직 미흡한 점이 많이 남아 있다. 관 이음류의 나사치수는 적용 관지름에 따라 정하며 기기와의 연결부 나사는 일반적으로 관용 평행나사를 사용한다.

● 테이퍼 나사 이음

관용 테이퍼 나사로서는 일본 JIS B 0203에서 규정하고 있는 PT나사와 미국에서 규정하고 있는 NPT(American National Taper Pipe Thread)와 NPTF(Dryseal Pressure Tight Joint)가 있다.

PT나사와 NPT나사는 산과 골 사이에 틈새가 있어 압력을 시일하는 나사로서는 불안정하다. 이 경우에는 기름누설을 방지하기 위한 밀봉제를 사용하면 210 [kg_f/cm^2]압력까지 사용이 가능하다.

NPTF나사는 미국의 표준 관용 테이퍼나사로 항공기용 관 이음에 사용되고 있다. NPTF나사

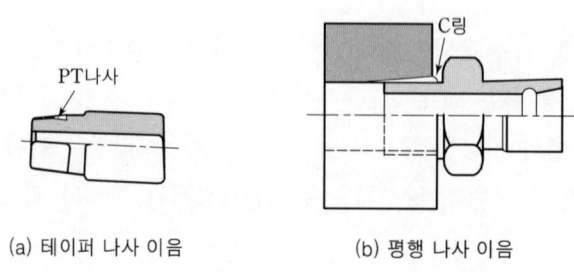

(a) 테이퍼 나사 이음   (b) 평행 나사 이음

그림 6·4 나사 이음

의 특징은 상대 나사와 완전히 시일할 수 있다. 그러나 관용 테이퍼 나사는 엘보우 등 방향성이 있는 관 이음류에 사용할 경우 기기의 포트를 변형시킬 우려가 있다. 또 압력 시일이 나사의 간섭으로 행해지고 있으므로 나사면의 홈은 효과를 경감시킨다. 테이퍼 나사는 보통 1/16 나사이다.

● 평행 나사 이음

관 이음에 사용되는 평행나사는 유니파이 나사(UNF), 위드워스(With-worth)계 나사. 미터나사가 있다. 평행나사를 이용하여 기기와 연결시키는 방법은 테이퍼 나사에 의한 과도 결합상태를 배제할 수 있으므로 포트의 변형을 일으키지 않는다. 평행나사의 경우 압력 실은 O링, 금속패킹, 몰드패킹(mould packing)등이 삽입되어야 한다.

(2) 플랜지 이음(Flange Joint)

플랜지 이음은 관의 끝단에 플랜지를 끼워서 용접하고 두 개의 플랜지를 볼트로 결합하여 접속하는 방식으로서 O링에 의하여 밀봉된다. 고압 저압에 관계없이 대관경의 관 이음에 이용되며 분해 보수의 면에서도 유리하다.

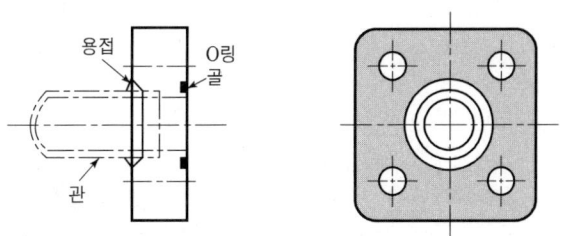

그림 6·5 플랜지 이음

(3) 플레어 이음(Flare Joint)

플레어 이음은 튜브에 적용하는 것으로 관 끝부분을 원추형의 펀치를 이용하여 나팔형(flare)으로 넓혀서 관용 슬리브와 너트로 체결하여 유압유의 누설을 방지하는 것이다. 플레어의 각도는 중심선에 대하여 37[°](표준)와 45[°](표준)의 것이 있다.

플레어 각 37[°]의 것은 강관에 사용되고 플레어 각 45[°]의 것은 저압의 동관의 경우에 사용된다.

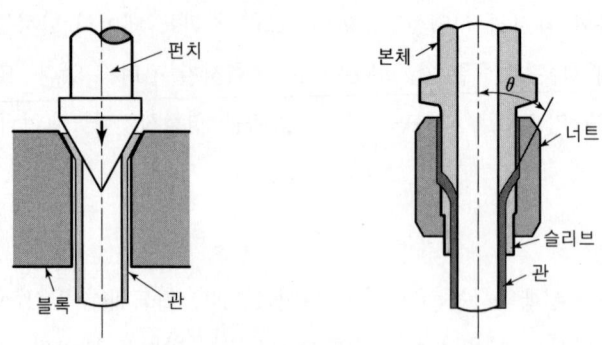

그림 6·6 플레어 이음

(4) 크로치형 이음(Crotch Joint)

크로치형 이음은 플레어리스(flareless)이음이라고도 한다. 이 형식의 이음은 관에 물려들게 한 슬리브(sleeve)에 의해 관을 접합하여 기름의 누출을 방지하는 식이다. 이와 같이 본체, 슬리브, 너트의 3부품으로 되어 있고 너트와 슬리브를 끼운 관의 단면을 본체에 밀착시키고 너트를 조여 붙이면 관이 움직이지 않게 된다.

크로치형 관이음은 용접 이음에 비하여 두께가 얇고 중간의 굽힘부가 필요할 때 쉽게 굽힐 수 있고 플레어 작업이나 용접작업이 필요없고 또한 착탈이 용이하여 관 이음으로 널리 사용되고 있다.

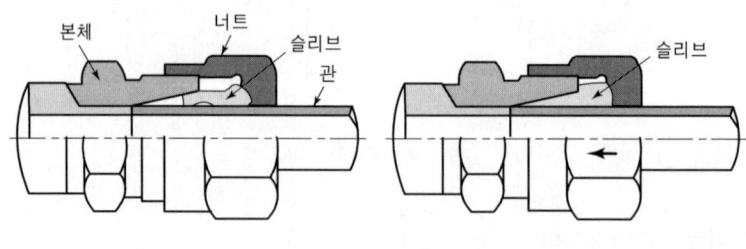

그림 6·7 크로치형 이음

(5) 용접형 이음

용접형 이음에는 맞대기 용접형과 삽입 용접형이 있으며 어느 것이나 스케줄(schedule)관에 적용되는 것이고 유압용으로도 사용되고 있다. 맞대기 용접형은 용접 플래시가 관내에 부착할 우려가 있으므로 관내의 청정을 중요시하는 유압 배관에는 사용하지 않는 것이 좋다.

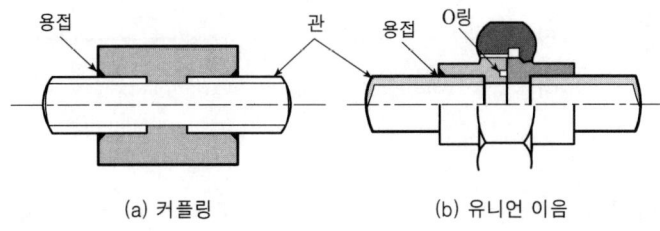

그림 6·8 용접형 이음

(6) 스위블 이음(Swival Joint)

유압장치의 목적을 수행하기 위하여 때로는 배관이 회전해야 할 경우가 있다. 이러한 회전 목적에 사용되는 관 이음을 스위블 이음이라 한다. 일반적으로 스러스트(thrust)를 받는 볼(ball), 회전 베아링부 및 누출 방지용 O링 시일부가 주요 구성요소이다.

관의 결합은 나사식과 플랜지식이 있으며 재질은 유체의 종류, 압력, 온도에 따라 가단주철, 주강 단강, 알미늄합금, 니켈브론즈, 스테인리스강 등이 사용된다.

연습문제

1. U형 패킹의 재질은?
   ㉮ 닐 고무　　㉯ 랩 고무
   ㉰ 부트 고무　㉱ 니트릴 고무

2. 유압호스를 사용하는 목적은?
   ㉮ 두 금속관의 중심선이 일치하지 않을 때
   ㉯ 사용압이 저압일 때
   ㉰ 금속관에 비하여 가격이 저렴
   ㉱ 유체 흐름을 증가시킬 때

3. 유압호스에 대한 설명 중 틀린 것은?
   ㉮ 결합부에 상대 위치가 변하는 곳에 쓰인다.
   ㉯ 서지압을 흡수할 수 있다.
   ㉰ 저압에만 사용한다.
   ㉱ 진동을 흡수할 수 있다.

4. 다음 중 유체 토크 컨버터의 장점은?
   ㉮ 다른 전동장치에 비해 소음이 크다.
   ㉯ 무단 변속이 안된다.
   ㉰ 입·출력축의 토크 변동이 안된다.
   ㉱ 원활한 전동이 가능하다.

5. 다음 중 패킹의 종류에 해당되지 않는 것은?
   ㉮ V형　㉯ J형　㉰ C형　㉱ U형

6. 필터 선정시 주의 사항이 아닌 것은?
   ㉮ 작동유의 속도　㉯ 여과입도
   ㉰ 필터의 내압　　㉱ 여과제의 종류

---

1. U형 패킹은 일반적으로 니트릴 고무를 사용

2. 유압호스는 고무재질로서 결합부의 상대위치가 변하는 곳에 설치, 서지압과 맥동을 흡수하는 곳에 사용하며 저압뿐만 아니라 고압에서도 사용할 수 있다.

5. 패킹은 운동부분에 쓰이는 패킹으로서 O링, 성형패킹, 기계식 시일, 오일시일로 구분되며 성형패킹은 단면의 모양에 따라 V, U, L, J형이 있다.

6. 필터선정시 주의사항은 여과입도 내압, 여과재 종류, 유량 점도 및 압력강하이다.

해답　1. ㉱　2. ㉮　3. ㉰　4. ㉱　5. ㉰　6. ㉮

7. 유체 토크 변환기에서 스테이터의 기능은?
   ㉮ 출력측의 회전력을 크게 한다.
   ㉯ 입력축의 속도를 빠르게 한다.
   ㉰ 토크를 증가시킨다.
   ㉱ 작동유의 흐름을 일정하게 한다.

8. 유체 커플링의 구성 요소가 아닌 것은?
   ㉮ 케이싱   ㉯ 스테이터
   ㉰ 펌프회전차   ㉱ 터빈회전차

9. 유체 토크 컨버터의 구성 요소가 아닌 것은?
   ㉮ 터빈회전차   ㉯ 펌프회전차
   ㉰ 기어모터   ㉱ 스테이터

10. 다음 중 축압기에 대한 설명은?
    ㉮ 토출압력을 증가시킨다.
    ㉯ 펌프의 흡입측에 부착한다.
    ㉰ 기름의 불순물을 제거시킨다.
    ㉱ 에너지 보조원으로 사용한다.

11. 유압 장치 중에서 기름 속의 혼입 불순물을 제거하기 위해 사용되는 것은?
    ㉮ 축압기   ㉯ 밸브
    ㉰ 스트레이너   ㉱ 부스터

12. 패킹의 마모 원인이 아닌 것은?
    ㉮ 작동유의 점도의 변화가 심할 때
    ㉯ 패킹의 재질이 불량할 때
    ㉰ 사용압력이 변할 때
    ㉱ 작동유의 온도가 일정할 때

13. 작동유의 불순물을 제거하기 위해 사용하는 것은?
    ㉮ 스트레이너   ㉯ 어큐뮬레이터
    ㉰ 엑추에이터   ㉱ 부스터

---

7. 유체토크변환기는 임펠러, 러너, 안내깃(스테이터)의 3요소로 구분되며 출력축의 토크가 입력축의 토크보다 크게 된다.

8. 유체 커플링은 안내깃(스테이터)이 없으며 입력축의 토크, 출력축의 토크와 같다.

10. 축압기는 용기내에 고압유를 압입한 것으로 용도는
    ㉮ 대유량의 순간적 공급
    ㉯ 맥동의 제거
    ㉰ 충격압력의 흡수
    ㉱ 압력보상이다.

13. 어큐뮬레이터는 축압기, 엑추에이터는 구동기기, 부스터는 증압기이다.

해답 7. ㉮   8. ㉯   9. ㉰   10. ㉱   11. ㉰   12. ㉱   13. ㉮

14. 축압기의 사용목적이 아닌 것은?
    ㉮ 에너지 보조   ㉯ 맥동완화
    ㉰ 압력보상   ㉱ 불순물 제거

15. 패킹 재질의 구비조건이 아닌 것은?
    ㉮ 체결력이 클 것
    ㉯ 마찰계수가 클 것
    ㉰ 누설을 방지할 수 있을 것
    ㉱ 섭동부의 마모를 적게 할 것

16. 유압 패킹의 종류 중 섭동부에 주로 사용되는 것은?
    ㉮ O형 링   ㉯ U형 패킹
    ㉰ V형 패킹   ㉱ J형 패킹

17. 유압 필터의 종류가 아닌 것은?
    ㉮ 라인필터   ㉯ 적층식 필터
    ㉰ 냉각필터   ㉱ 스트레이너

18. 여과기에서 압력관로에 설치하는 필터는?
    ㉮ 라인필터   ㉯ 스트레이너
    ㉰ 연료필터   ㉱ 기름필터

19. 필터의 여과입도가 너무 높을 경우 일어나는 현상은?
    ㉮ 맥동현상이 생긴다.
    ㉯ 공동현상이 생긴다.
    ㉰ 베이퍼 로크가 생긴다.
    ㉱ 블로바이 현상이 생긴다.

20. 어큐뮬레이터와 관계없는 것은?
    ㉮ 에너지 축적   ㉯ 전자밸브의 자동조작
    ㉰ 압력보상   ㉱ 서지압 흡수

21. 유압이 비정상으로 상승하는 이유는?
    ㉮ 압력계의 고장   ㉯ 작동유의 점도 저하
    ㉰ 유압제어 밸브의 고장 ㉱ 배관의 크기가 너무 크다.

15. 패킹재질의 구비조건
    ㉮ 양호한 유연성
    ㉯ 내유성
    ㉰ 내열, 내한성
    ㉱ 기계적 강도

17. 필터의 종류에는 스트레이너 표면식 필터, 적층식 필터, 다공체식 필터, 흡착식 필터, 자기식 필터가 있으며 관로에 있는 필터를 라인필터라 한다.

19. 입도가 너무 높은 경우 속도가 빨라져서 압력강하가 일어나 공동현상이 일어난다.

20. 어큐뮬레이터는 축압기이다.

21. 압력제어 밸브가 고장시 압력이 비정상으로 상승할 수 있다.

해답 14. ㉱ 15. ㉯ 16. ㉱ 17. ㉰ 18. ㉮ 19. ㉯ 20. ㉯ 21. ㉰

22. 축압기의 용량리 $10\,l$ 이고 봉입압력이 $30\,kg/cm^3$ 이다. 축압기 내의 최고작용압력이 각각 $70\,kg/cm^3$ 과 $40\,kg/cm^3$ 일 때 방출 유량은 몇 l 인가?
   ㉮ 3.2   ㉯ 6.4   ㉰ 9.8   ㉱ 15

22. $\Delta V = P_0 V_0 \left(\dfrac{1}{P_2} - \dfrac{1}{P_1} \right)$
   $= 30 \times 10 \times \left(\dfrac{1}{40} - \dfrac{1}{70} \right) = 3.2\,l$

23. 유압 배관로에 흐르는 작동유의 대부분의 상태는?
   ㉮ 압축성 유체   ㉯ 난류
   ㉰ 층류   ㉱ 혼합유체

24. 예압 탱크의 장점은?
   ㉮ 연료 로크 방지   ㉯ 공동 현상 방지
   ㉰ 페이퍼 로크 방지 ㉱ 언로드 방지

25. 어큐뮬레이터의 설치 목적이 아닌 것은?
   ㉮ 펌프의 동력절약
   ㉯ 펌프 정지시 회로 압력 유지
   ㉰ 펌프의 맥동흡수
   ㉱ 장치의 운전시간을 연장

25. 축압기는 운전시간과는 관계가 없음.

26. 유압기기에 사용되는 호스 중 내구성이 강하며 많이 사용되는 것은?
   ㉮ 비닐호스   ㉯ PVC호스
   ㉰ 플렉시블호스 ㉱ 진공호스

26. 액압용 고압고무호스에는 처침을 충분히 고려한 가요성(플렉시블)호스가 적당하다.

27. 기름 탱크에 설치할 필요가 없는 것은?
   ㉮ 릴리프 배유 포트 관로   ㉯ 유압 회로의 귀환유측
   ㉰ 탱크로 돌아오는 관로   ㉱ 어큐뮬레이터 연결 관로

27. 어큐뮬레이터(축압기)는 충격이 발생하는 장소 가까이에 수직으로 달아 유구를 아래로 향하도록 한다.

28. 기름 탱크에 설치할 필요가 없는 것은?
   ㉮ 공기 청정기   ㉯ 유면계
   ㉰ 압력계   ㉱ 분리판

28. 기름탱크에는 탱크내의 압력을 항상 대기압으로 유지하는 공기뽑기를 달며 공기뽑기에는 공기 청정기를 부착한다.

29. 유조 속의 금속편을 제거할 목적으로 설치하는 여과기는?
   ㉮ 자석봉   ㉯ 스트레이너
   ㉰ 금속봉   ㉱ 적층식 필터

22. ㉮ 23. ㉰ 24. ㉯ 25. ㉱ 26. ㉰ 27. ㉱ 28. ㉰ 29. ㉮

30. 유압장치에 열이 발생하였을 때 일어나는 현상이 아닌 것은?
    ㉮ 압력손실을 초래한다.
    ㉯ 모터의 내부마찰이 생긴다.
    ㉰ 시동이 잘 걸리지 않는다.
    ㉱ 출력이 떨어진다.

31. 다음 중 배관이 회전하여야 하는 것의 관 이음방식은?
    ㉮ 나사식   ㉯ 플레어리스식
    ㉰ 플랜지식   ㉱ 스위블식

    31. 배관이 회전해야 할 경우가 있을 때는 스위블식을 사용한다.

32. 관 이음의 구비 조건이 아닌 것은?
    ㉮ 조립 분해가 쉽고 재현성이 있어야 한다.
    ㉯ 외경과 길이가 소형이라야 한다.
    ㉰ 특수 공구로만 체결이 가능해야 한다.
    ㉱ 충격, 진동에 강하고 쉽게 이완되지 않아야 한다.

    32. 관이음 체결은 쉽게 하여야 한다.

33. 다음 중 고무 호스에서 요구되는 사항과 거리가 먼 것은?
    ㉮ 내압성   ㉯ 경직성   ㉰ 내유성   ㉱ 내열성

    33. 고무호스에서 경직성이 있으면 피로현상에서 약해짐.

34. 오벌 기어의 원리를 이용하여 만든 유압계기는?
    ㉮ 액면계   ㉯ 유량계   ㉰ 압력계   ㉱ 온도계

35. 다음 중 여과기의 상태 불량으로 일어날 수 있는 현상이 아닌 것은?
    ㉮ 밸브의 섭동부 마모를 빠르게 한다.
    ㉯ 솔레노이드를 손상시킬 수 있다.
    ㉰ 패킹에 손상을 주어 누설의 원인이 된다.
    ㉱ 펌프의 토출 압력 및 토출량을 과다하게 증가시킨다.

36. 보통 펌프의 흡입축에 설치되어 작동유 중의 이물질을 분리시키는 여과기는?
    ㉮ 석션 필터   ㉯ 라인 필터
    ㉰ 자석봉   ㉱ 축압기

해답 30. ㉱ 31. ㉱ 32. ㉰ 33. ㉯ 34. ㉯ 35. ㉱ 36. ㉰

37. 다음 중 여과기의 종류가 아닌 것은?
   ㉮ 스트레이너   ㉯ 필터
   ㉰ 자석봉   ㉱ 오리피스

38. 실린더의 최종단에 특히 큰 힘이 필요로 하는 유압 회로에 포함되어야 하는 유압기기는?
   ㉮ 여과기   ㉯ 냉각기   ㉰ 가열기   ㉱ 증압기

39. 저압 대유량의 동력을 고압 소유량의 동력으로 변환하는 유압기기는?
   ㉮ 축압기   ㉯ 증압기   ㉰ 열교환기   ㉱ 여과기

40. 다음 중 탈착이 가장 용이한 이음은?
   ㉮ 용접이음   ㉯ 플레어리스 이음
   ㉰ 플랜지 이음   ㉱ 나사이음

41. 배관에서 흡입관로가 아주 작으면 일어나는 현상은?
   ㉮ 유속이 작아진다.
   ㉯ 펌프효율이 높아진다.
   ㉰ 캐비테이션을 일으킬 수 있다.
   ㉱ 유압장치가 작동되지 않는다.

37. 오리피스는 유량을 제어하는 조리개이다.

39. 파스칼의 압력 공식에 의해 압력을 변화시키는 기기는 증압기이다.

40. 크로치형 이음은 플레어리스 이음이라고도 하며 탈착이 간단히 된다.

41. 흡입관로가 작을 시 속도가 빨라지고 압력강하가 발생하여 공동현상, 즉 캐비테이션이 발생하기 쉽다.

해답
37. ㉱   38. ㉱   39. ㉯   40. ㉯   41. ㉰

7장 공압

7·1 밸브의 표시법

7·1·1 밸브 기호

표 7·1 밸브 표시

설명	기호
직선은 유로를 나타내며 화살표는 흐르는 방향을 나타낸다.	
차단 위치는 4각형 안에 직각으로 표시한다.	
유로의 접점은 점으로 표시한다.	
출구와 입구의 연결구는 4각형 밖에 직선으로 표시한다.	
3개의 전환 위치를 갖는 밸브에서 중간 위치 0는 중립위치를 나타낸다.	a 0 b
배관이 있는 배기구는 밸브에 직접 붙지 않는 3각형으로 표시한다.	
배관의 연결없이 직접 밸브에서 배기되는 배기구는 기호에 직접 3각형으로 표시한다.	

그림 7·1 계속

명 칭	정상위치	기 호
2/2-way 밸브	닫힘	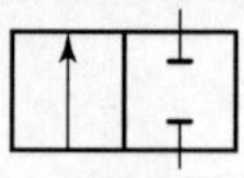
2/2-way 밸브	열림	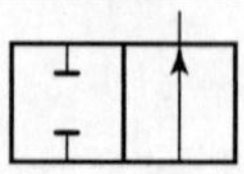
3/2-way 밸브	닫힘	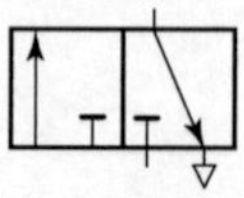
3/2-way 밸브	열림	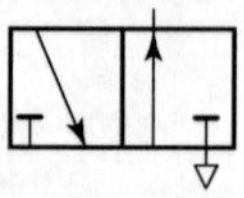
4/2-way 밸브	공급 라인 배기 라인 각 1개	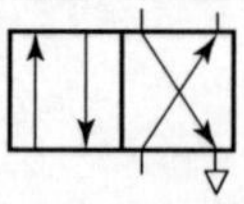
4/3-way 밸브	중립 위치 닫힘	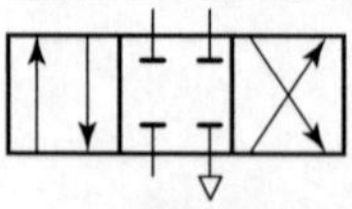
4/3-way 밸브	A, B라인은 중립 위치에서 모두 배기됨	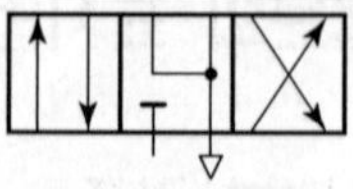
5/2-way 밸브	두 개의 배출구	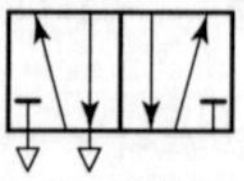

7·2 밸브의 연결구 표시방법

밸브를 확실하게 설치하기 위하여 각 연결구를 다음과 같은 기호를 사용하여 표시한다. 단, 공기압 밸브에서는 양쪽의 표시방법을 모두 혼용하여 사용한다.

표 7·2 밸브 연결구 표시법

	ISO-1219(유압)	ISO-5599/II (공기압)
작업포트	A, B, C,······	2, 4, 6,·····
압축공기 공급 포트	P	1
배기 포트	R, S, T,······	3, 5, 7,······
제어 포트	Z, Y, X,······	10, 12, 14,·····

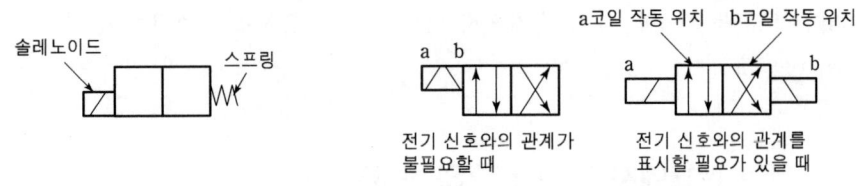

그림 7·1 솔레노이드 밸브

7·2·1 숫자 표시법

(1) 그룹의 분류

그룹 0 : 에너지 공급 요소(압축기)
그룹 1, 2, 3 : 각 제어 시스템을 표시(실린더의 개수와 그룹의 숫자는 일치)

(2) 그룹 내에서의 일련번호 체계

. 0 : 구동요소
. 1 : 최종 제어요소
. 2, 4, 6 (짝수) : 구동요소의 전진운동에 영향을 미치는 모든 요소
. 3, 5, 7 (홀수) : 구동요소의 후진운동에 영향을 미치는 모든 요소
. 01, 02 : 유량제어 밸브와 같이 제어요소와 구동요소 사이에 모든 요소

7·2·2 문자 표시법

구동요소는 영문자의 대문자로 표시하고 리밋 스윗치는 소문자로 표시한다.

- A, B, C . . . : 작업요소인 실린더의 개수
- a_0, b_0, c_0 . . . : 각 실린더의 후진된 위치를 확인해 주는 리밋 스위치의 기호
- a_1, b_1, c_1 . . . : 각 실린더의 전진된 위치를 확인해 주는 리밋 스위치의 기호

그림 7·4는 문자 표시법에 의한 실린더와 리밋 스위치의 위치를 나타낸다.

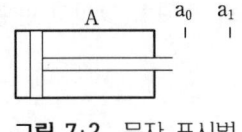

그림 7·2 문자 표시법

공기압 회로도를 작성할 때에 숫자표시 방법과 문자 표시법을 혼용하여 사용하여도 문제가 발생하지 않는다.

7·2·3 제어 밸브에서 제어 신호의 숫자 표시

그림 7·3에서 최종 제어요소의 좌측 제어판로에 14의 숫자는 최종 제어요소의 좌측 제어판로에 압축공기가 공급되었을 때 포트 1과 4를 연결해 주는 것을 의미한다.

실린더에 붙여진 1.0의 숫자에서 1은 한 개의 제어 시스템을 의미하고, 0은 실린더를 의미한다. 실린더가 2개 있는 경우에 또 하나의 실린더는 2.0으로 표시된다.

즉 실린더 및 사용된 여러 밸브에 붙여진 숫자 중 앞의 1은 1번 실린더에 속해 있는 공기압 요소들을 뜻한다. 어떠한 경우에도 뒤에 있는 숫자는 중복해서 사용하지 않는다.

유량제어 밸브에 붙여진 1.01은 1.0 실린더에 속해 있고 1.01 밸브의 설치 목적이 실린더의 후진되는 속도를 제어해 주고 있기 때문에 마지막 숫자가 1이다.

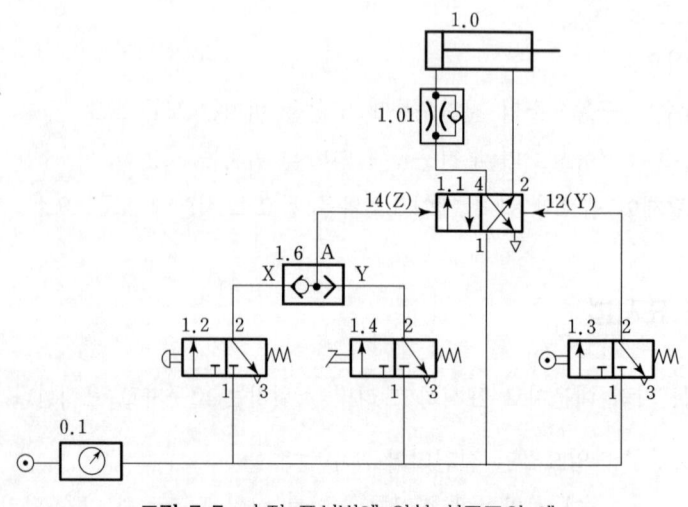

그림 7·3 숫자 표시법에 의한 회로도의 예

7·2·4 서비스 유닛

서비스 유닛은 공압에서 필터와 압력 스위치 그리고 윤활기를 합친 것을 일컬으며 공압제어에서는 반드시 필요하다.

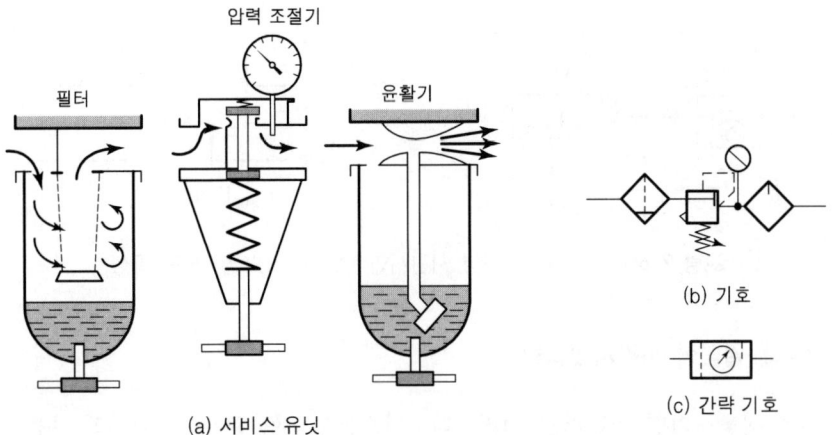

그림 7·4 서비스 유닛의 작동 원리 및 기호

7·2·5 제어회로도의 응용

(1) 정상상태 닫힘형 시간지연밸브

회로도에서 피스톤이 전진하여 1.3 리밋 스위치를 누르고 있어도 1.5 정상상태 닫힘형 시간지연 밸브의 공기 저장탱크에 설정 압력이 형성되지 않는 한 피스톤은 후진되지 않는다. 이러한 제어회로를 정상상태 닫힘형 시간지연밸브라고 하며 동작특성은 그림 7·6과 같다.

이러한 회로는 물체를 압착하기 위해 일정시간 동안 힘을 가해야 되는 프레스 작업 등에서 사용된다.

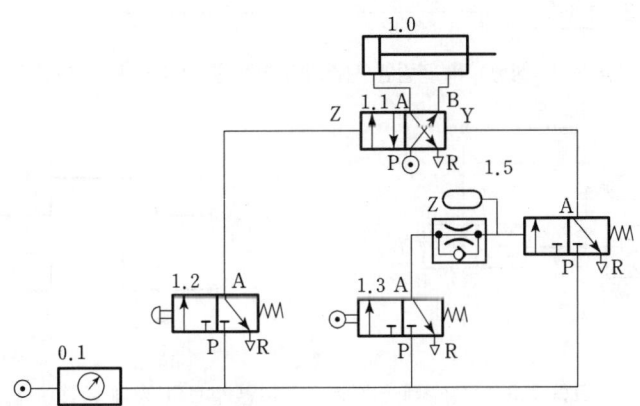

그림 7·5 정상상태 닫힘형 시간지연 밸브를 사용한 제어 회로도

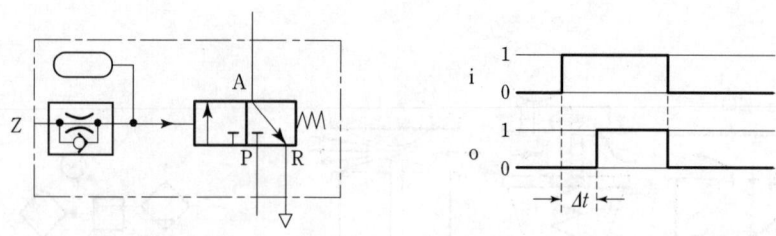

그림 7·6 정상상태 닫힘형 시간지연 밸브의 기호 및 동작 특성

(2) 정상상태 열림형 시간지연밸브

누름 버튼을 작동시키면 실린더는 전진한다. 피스톤이 전진된 것을 확인해 주는 것은 리밋 스위치에 의해서 이루어지고, 누름 버튼을 계속 누르고 있어도 실린더는 후진되어야 한다. 이러한 밸브를 정상상태 열림형의 시간지연 밸브라고 하며 동작특성은 그림 7·8과 같다.

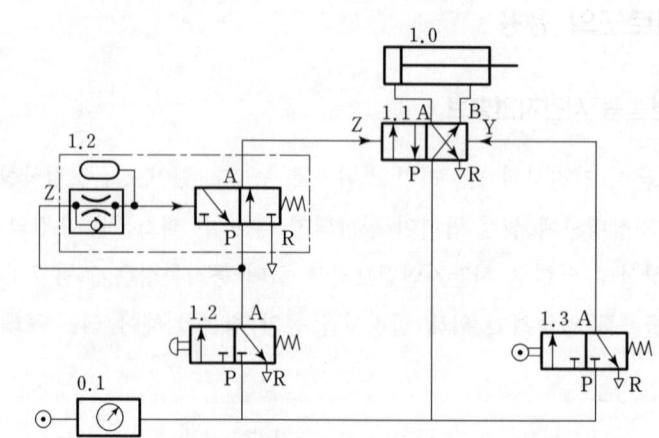

그림 7·7 정상상태 열림형 시간지연 밸브를 사용한 제어 회로도

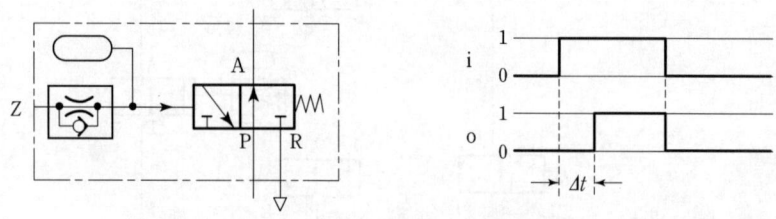

그림 7·8 정상상태 열림형 시간지연 밸브의 동작 특성

(3) 반향센서를 사용한 회로도

가공물이 도착시 실린더가 전진하고 가공물이 제거되면 실린더가 후진하는 회로도를 구성할 시는 반향센서를 이용해야 한다.

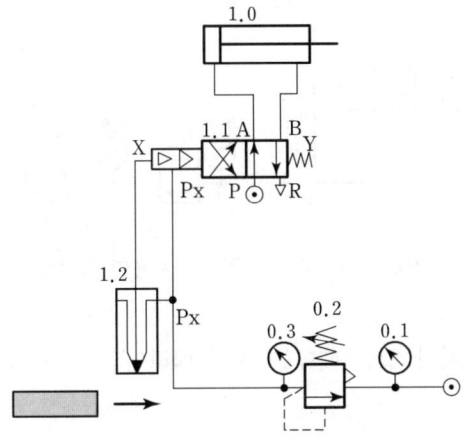

그림 7·10 반향센서를 사용한 회로도

(4) 공기 배리어

공기 배리어를 사용하여 실린더의 전·후진 운동을 제어하는 회로를 작성할 경우, 공기 배리어는 두 개의 노즐 사이에 물체가 놓이게 되면 출력이 존재하지 않기 때문에 1.1 최종 제어 요소의 4/2-way 밸브 위치가 스프링 힘에 의해 위치로 변환되어 실린더가 전진된다.

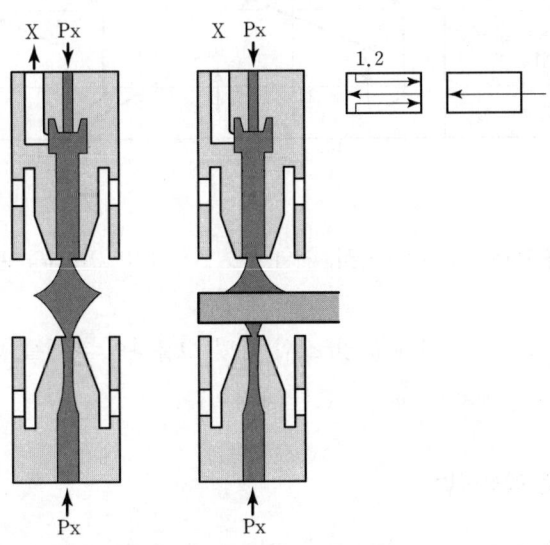

그림 7·11 공기 배리어의 작동원리

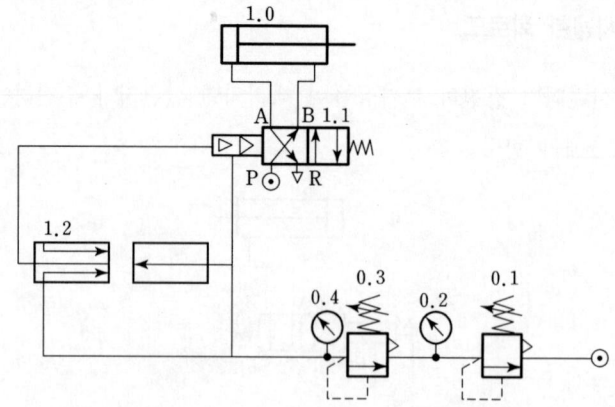

그림 7·12 공기 배리어를 사용한 회로도

두 개의 노즐 사이에 물체가 없을 때에는 공기 배리어의 포트 X에서 압력신호가 출력되어 실린더는 추진된다.

7·3 캐스케이드 회로 작성

(1) 그룹 나누기

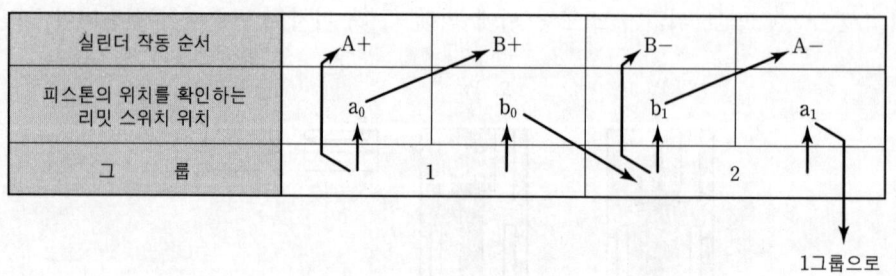

그림 7·13 실린더의 동작순서와 리밋 스위치 및 그룹과의 관계

그림 7·13은 실린더의 동작순서와 리밋 스위치 및 그룹과의 관계를 나타내어 주는 것으로 캐스케이드 회로를 작성하기 위해서는 중요한 내용이다.

(2) 캐스케이드 회로 작성방법

그룹 나누기를 한 위 도표를 사용하여 캐스케이드 회로 작성방법에 대하여 설명을 한다.

① 각 그룹의 첫 작업은 자신의 그룹 배관으로부터 압축공기를 공급받아 실린더를 작동 시킨다.
② 각 그룹에서 다음 작업이 있는 경우에는 자신의 그룹으로부터 표시된 리밋 스위치를 거쳐 실린더를 작동시킨다.
③ 각 그룹에서 마지막 리밋 스위치는 마지막 리밋 스위치가 속해있는 그룹으로부터 압축공기를 받아 다음 그룹으로 그룹을 변환시키는데 사용된다. 단, 한 개의 그룹에 1개의 리밋 스위치가 있는 경우에는 그 리밋 스위치가 그룹을 변환시키는데 사용된다. 즉 한 개의 그룹에 리밋 스위치가 2개 이상인 경우 마지막 리밋 스위치를 제외한 것들은 실린더의 동작순서를 결정하는데 사용되고 마지막 리밋 스위치는 그룹을 변환하는데 사용한다.

그룹 나누기 도표에서 화살표는 그룹으로부터 압축공기를 받은 것을 나타내고 회로작성방법의 ①, ② 및 ③은 캐스케이드 회로 작성방법을 나타낸다. 또한 피스톤이 전진된 것을 확인해 주는 리밋 스위치에는 하첨자 1, 후진된 것을 확인해 주는 리밋 스위치에는 하첨자 0을 붙여 구분한다.

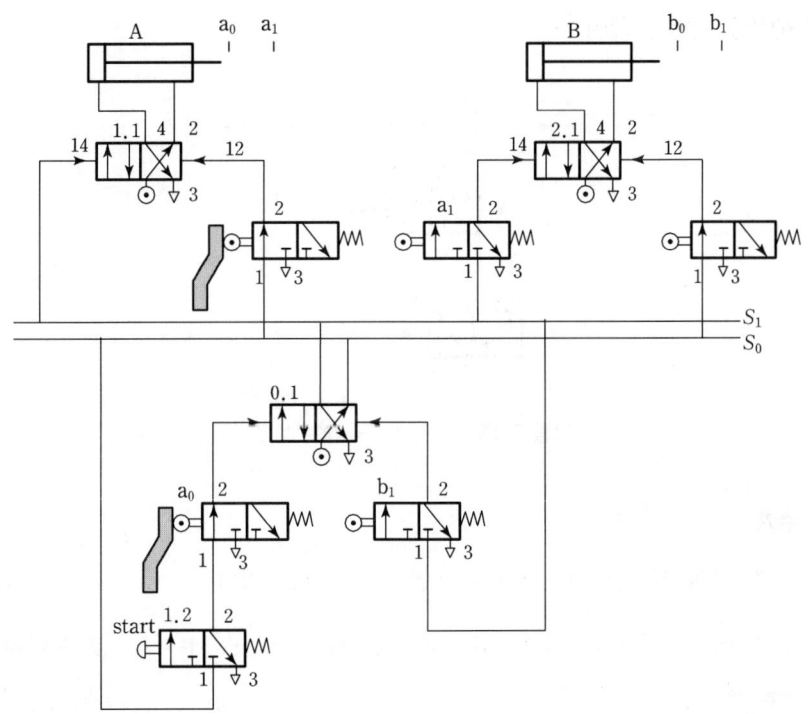

그림 7·14 캐스케이드 회로

(3) 캐스케이드 제어 회로의 장·단점

캐스케이드 제어 방법은 일반적으로 널리 사용되는 스풀 형식의 4/2-way 메모리 밸브를 사용하기 때문에 시퀀스 제어에서 흔히 발생하는 간섭현상을 해결하는데 가장 경제적인 방법이라고 생각된다.

그리고 사용되는 리밋 스위치도 방향성이 없는 리밋 스위치를 사용하고, 리밋 스위치가 주어진 순서에 따라 작동되어야만 제어 신호가 출력되기 때문에 높은 신뢰성을 보장할 수 있다.

그러나 작동 시퀀스가 복잡하게 되어 제어 그룹의 개수가 많아지게 되면 배선이 복잡하게 되어, 제어 회로에 문제점이 발생되었을 때 해결 방법이 어려워지는 단점이 있다.

또한 캐스케이드 밸브의 수가 많아지게 되면, 캐스케이드 밸브는 직렬로 연결되어 있기 때문에 연결 배관에서 압력 손실이 발생되어 그룹을 변환시켜 주는 메모리 밸브 및 리밋 스위치 작동에 걸리는 스위치 시간이 길어지는 단점이 있다. 그러므로 산업현장에서는 제어 그룹의 개수가 최대 3~4개 이내인 경우에만 캐스케이드 제어 방법을 채택하고, 제어 그룹의 개수가 이보다 많은 경우에는 캐스케이드 방식을 확장한 스태퍼 방법을 사용한다.

(4) 캐스케이드 시퀀스 제어

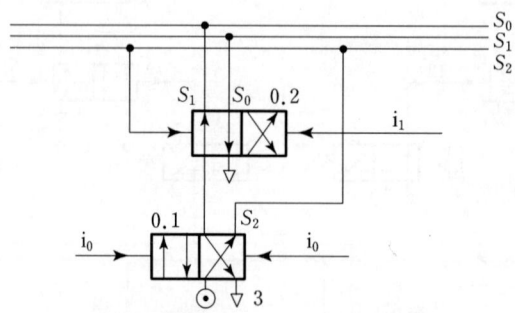

그림 7·15 캐스케이드 밸브 배열

● 그룹나누기

다음에 그룹에 대한 캐스케이드 밸브의 배열을 나타내고 있다.

① 2개 그룹일 때 : 3개의 실린더 동작순서가 A+B+C+ | C-B-A- 로 주어져 2개 그룹으로 나눌 때

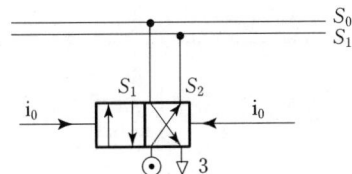

② 3개 그룹일 때 : 3개의 실린더 동작순서가 A+B+ | B- A- C+ | C- 로 주어져 3개 그룹으로 나눌 때

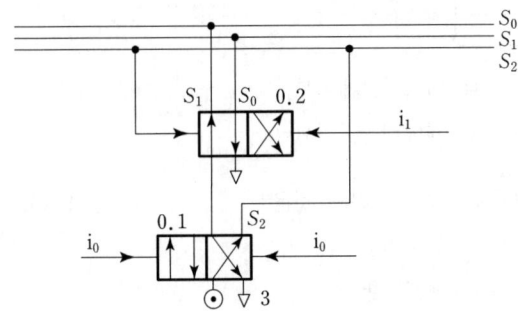

연습문제

1. 다음의 되먹임 블록선도에서 ②와 ④의 술어가 순서대로 기록된 것은?

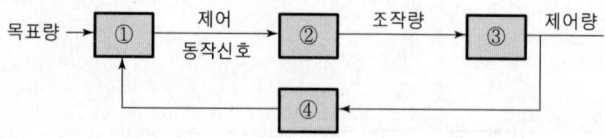

   ㉮ 제어부, 변환부   ㉯ 비교부, 제어부
   ㉰ 제어부, 제어대상   ㉱ 제어대상, 변환부

2. 공압장치 중 공압 발생부의 요소가 아닌 것은?
   ㉮ 전동기   ㉯ 압축기
   ㉰ 탱크   ㉱ 애프터쿨러

3. 내경 10[cm], 출력 3,140[kg$_f$], 피스톤속도 40[m/min]인 유압 실린더에서 필요로 하는 유압은 최소 몇 [kg$_f$/cm^2] 인가?
   ㉮ 40   ㉯ 60   ㉰ 80   ㉱ 100

4. 다음 중 유압을 발생시키는 곳은?
   ㉮ 유압모터   ㉯ 유압펌프
   ㉰ 제어밸브   ㉱ 유압실린더

5. 유압 파워 유닛의 펌프에서 이상 소음 발생의 원인이 아닌 것은?
   ㉮ 펌프의 회전이 너무 빠름
   ㉯ 공기 구멍의 막힘
   ㉰ 유압유에 공기 혼입
   ㉱ 작동유의 점성이 낮음

---

1. ① 조절부
   ② 제어부
   ③ 제어대상
   ④ 변환부(검출부)

2. 애프터쿨러는 냉각장치로서 수분 제거시 사용.

3. $P = \dfrac{w4}{\pi d^2} = \dfrac{3140 \times 4}{\pi \times 10^2}$
   $= 40 \,[\text{kg/cm}^2]$

4. 유압발생 → 유압펌프
   구동기기 → 모터, 실린더, 요동 엑추에이터

5. 유압유닛을 통칭 파워유닛이라고 하며 유압발생 장치를 말한다.
   소형의 유압유닛은 파워팩이라 한다.
   소음의 원인은 탱크용 필터가 막히거나 거품의 기름 흡입 또는 회전수가 높거나 점도 또는 회전수가 너무 높을 경우이다.

해답 1. ㉮ 2. ㉱ 3. ㉮ 4. ㉯ 5. ㉮

6. 다음 기호의 명칭으로 옳은 것은?
   ㉮ 어큐뮬레이터   ㉯ 공기탱크
   ㉰ 증압기   ㉱ 보조가스용기

7. 속도제어 회로의 종류가 아닌 것은?
   ㉮ 미터인 회로   ㉯ 미터아웃 회로
   ㉰ 블리드오프 회로 ㉱ 블리드온 회로

7. 속도제어 회로에는 미터인, 미터아웃, 블리드오프식이 있다.

8. 릴리프 밸브 등에서 밸브 시트를 두들겨서 비교적 높은 음을 발생시키는 일종의 자력진동은?
   ㉮ 캐비테이션   ㉯ 채터링
   ㉰ 틸트   ㉱ 언더 랩

8. 오버라이드 압력(크래킹 압력-전 유량시 압력)이 크고 고압 대유량시 릴리프 밸브에서 소음이 발생하는데 이 현상을 채터링 현상이라 한다.

9. 베인형 압축기의 특징이 아닌 것은?
   ㉮ 소음과 진동이 작다.
   ㉯ 공기를 일정하게 공급한다.
   ㉰ 토출압력이 중저압이다.
   ㉱ 다단압축이 쉽다.

10. 다음은 전기식 서보 기구에 관한 설명이다. 설명 중 틀린 것은?
    ㉮ 유압식에 비해 취급이 간단하고 깨끗하다.
    ㉯ 신호의 전송이 용이하다.
    ㉰ 높은 출력이 요구될 경우엔 직류식보다 교류식이 적합하다.
    ㉱ 전원을 어디서나 자유롭게 얻을 수 있다.

11. 다음 중 서보 기구가 사용되는 곳은?
    ㉮ CNC 공작기계에서 나사절삭
    ㉯ 화학공장에서 유량 및 액면제어
    ㉰ 선반에서 모방절삭
    ㉱ 무인 운반차에서 방향제어

11. 서보 기구는 고속의 추종성을 원할 때 장착한다.

해답
6. ㉱   7. ㉱   8. ㉯   9. ㉯   10. ㉱   11. ㉱

12. 파스칼의 원리 중 틀린 것은?
   ㉮ 유체의 압력은 면에 따라 다른 각도로 작용한다.
   ㉯ 각 점의 압력은 모든 방향에 동일하다.
   ㉰ 정지해 있는 유체에 힘을 가하면 동일하게 작용한다.
   ㉱ 유체의 압력은 면에 수직 작동한다.

13. 다음 유압밸브 기호의 명칭은?
   ㉮ 릴리프밸브
   ㉯ 언로우드밸브
   ㉰ 시퀀스밸브
   ㉱ 감압밸브
   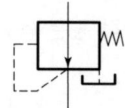

14. 다음 기호의 명칭으로 옳은 것은?
   ㉮ 시퀀스밸브
   ㉯ 무부하 밸브
   ㉰ 일정비율 감압 밸브
   ㉱ 카운터 밸런스 밸브
   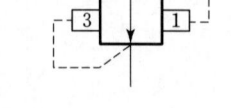

15. 부하의 변동이 있어도 비교적 안정된 속도를 얻을 수 있는 회로는?
   ㉮ 미터인 회로   ㉯ 미터아웃 회로
   ㉰ 블리드인 회로   ㉱ 블리드아웃 회로

16. 시퀀스제어계에서 제어대상을 조작하기 위해 제어대상에 가하는 신호를 무엇이라고 하는가?
   ㉮ 제어명령   ㉯ 조작신호   ㉰ 검출신호   ㉱ 기준신호

17. 유압모터의 동작시 회전운동 중 정지하거나 역회전 운동을 하려고 할 때 모터 내에 발생되는 서지 압력을 제거할 수 있는 회로는?
   ㉮ 카운터 밸런스 회로   ㉯ 차동 회로
   ㉰ 브레이크 회로   ㉱ 렉티파이어 회로

---

12. $P = \dfrac{F_1}{A_1} = \dfrac{F_2}{A_2}$
   정지 유체내의 한 점에 가한 힘은 전부분에 골고루 전파된다.

13. 압력제어 밸브 중 감압 밸브만이 상시개형이다.

15. ·미터 인 : 부하변동이 크고 피스톤 움직임에 대해 정방향 부하시
   ·미터아웃 : 실린더에 배압이 걸려 역방향의 부하, 즉 피스톤 인입시 속도제어에 적합
   ·블리드 오프 : 릴리프 밸브의 유출량이 없으며 동력 손실은 적다.

17. 부하저항이 갑자기 감소하는 돌출사항을 방지하는 밸브는 카운터 밸런스 회로이다.

12. ㉰ 13. ㉱ 14. ㉰ 15. ㉮ 16. ㉯ 17. ㉮

18. 다음 그림에서 유량제어 밸브의 제어 방식이다. 어떤 회로인가?
㉮ 미터아웃회로
㉯ 블리드오프 회로
㉰ 브레이크 회로
㉱ 렉티파이어 회로

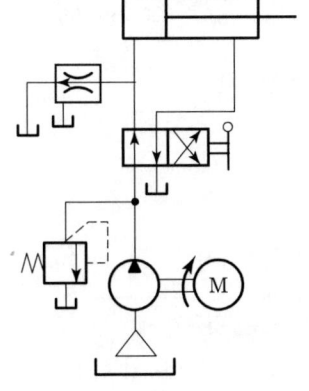

18. 공급유 쪽에 병렬 연결은 블리드 오프 회로이다.

19. 다음 그림의 속도제어 회로의 명칭은?
㉮ 재생 회로
㉯ 블리드오프 회로
㉰ 미터인 회로
㉱ 미터아웃 회로

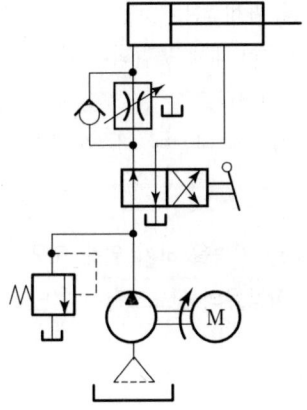

19. 공급유 쪽에 직렬 연결은 미터인 회로이다.

20. 직류 전동기와는 달리 정류자 브러시가 없기 때문에 유지비가 전혀 소요되지 않는 기구는?
㉮ 교류 서보기구   ㉯ 직류 서보기구
㉰ 안내밸브식 서보기구   ㉱ 분사관식 서보기구

20. 교류전동기에는 정류자 브러시가 필요없다.

21. 공기압 발생장치 중 $0.1 \sim 1 \, [\text{kg/cm}^2]$의 압력을 발생시키는 장치는?
㉮ 공기 압축기   ㉯ 송풍기
㉰ 팬   ㉱ 공기 필터

18. ㉯ 19. ㉰ 20. ㉮ 21. ㉯

22. 유압시스템에서 기름 탱크 내의 유온이 안전온도 영역에 해당되는 것은 몇 °C 범위인가?
㉮ 80~100　㉯ 65~80　㉰ 55~65　㉱ 48~55

22. 유온의 온도는 35°~55°C가 가장 적절하다.

23. 공압의 특성에 대한 설명이 잘못된 것은?
㉮ 무단 변속이 가능하다.
㉯ 배관이 간단하다.
㉰ 작업 속도가 빠르다.
㉱ 힘의 전달이 어렵고 증폭이 불가능하다.

23. 공압의 특성은 힘의 전달이 쉽고 증폭이 가능하나 큰 힘을 내기가 어렵다.

24. 공기 압축기의 분류에 해당되지 않는 것은?
㉮ 왕복 피스톤 압축기　㉯ 회전 피스톤 압축기
㉰ 유량 압축기　㉱ 온도 압축기

25. 공압 탠덤 실린더에 관한 설명 중 관계 없는 것은?
㉮ 2개의 복동 실린더가 1개의 실린더 내에 조립되어 있다.
㉯ 피스톤 로드의 출력이 거의 2배이다.
㉰ 실린더 지름이 한정되고 큰 힘을 요하는데 사용된다.
㉱ 다위치 제어도에 사용된다.

25. 탠덤 실린더는 직렬로 나란히 연결한 복수의 피스톤으로 구성되며 실린더 출력이 모아져서 큰 힘을 발생한다.

26. 유압 작동유가 유압장치에서 다양한 기능을 하기 위해 요구되는 조건이 있다. 다음 중 유압 작동유의 필요조건이 아닌 것은?
㉮ 압축성이 작아야 한다.
㉯ 점도가 높아야 한다.
㉰ 화재 위험이 없어야 한다.
㉱ 공기를 쉽게 분리시켜야 한다.

26. 점도가 너무 높으면 기계 효율이 작아진다. 즉 마찰이 커진다.

27. 유압 구동장치에서 부하의 전달동력이 15 [PS]이고 유압 실린더의 효율이 85 [%]일 때 유압 실린더의 소요 동력은?
㉮ 7.65 [PS]　㉯ 8.75 [PS]
㉰ 9.85 [PS]　㉱ 12.75 [PS]

27. $H = H_n \cdot \eta = 15 \times 0.85$
　　$= 12.75 \, [PS]$

해답　22. ㉱　23. ㉱　24. ㉱　25. ㉱　26. ㉯　27. ㉱

28. 다음 중 개방 탱크의 장점은?
    - ㉮ 탱크 내의 표면은 부력을 이용한다.
    - ㉯ 탱크 내의 표면은 표면 장력을 이용한다.
    - ㉰ 탱크 내의 오일은 기포 발생을 방지한다.
    - ㉱ 탱크 내의 오일은 자유 표면을 유지한다.

28. 탱크는 밀폐된 탱크를 원칙으로 하나 개방 탱크일 경우 압력은 대기압이다.

29. 다음 그림의 유압기호는 무엇을 나타내는가?
    - ㉮ 전자 방식 감압 밸브
    - ㉯ 파일럿 방식 안전 밸브
    - ㉰ 일정비율 감압 밸브
    - ㉱ 비례전자식 릴리프 밸브

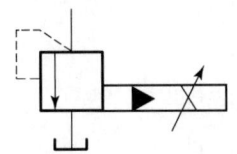

29. 그림은 순차작동형 릴리프 밸브이다.

30. 릴리프 밸브의 스프링이 약하면 어떤 현상이 생기나?
    - ㉮ 서징 현상
    - ㉯ 점핑 현상
    - ㉰ 채터링 현상
    - ㉱ 챔퍼링 현상

30. 릴리프 밸브는 압력이 설정압 이상시 작동하는 안전밸브이다. 스프링의 강도가 약할 시 채터링 현상이 발생한다.

31. 다음 중 용적형 펌프의 안전장치용으로 과부하방지에 반드시 필요한 회로는?
    - ㉮ 압력설정회로
    - ㉯ 동기회로
    - ㉰ 원격조작회로
    - ㉱ 중압회로

32. 베인 펌프의 구조에서 특수 베인형으로 옳지 못한 것은?
    - ㉮ 인트라 베인
    - ㉯ 듀얼 베인
    - ㉰ 카트리지 베인
    - ㉱ 스프링 로렛 베인

32. · 인트라 깃 : 깃 내부에 소형의 깃을 끼운 형식
· 듀얼 베인 : 선단부와 저부와의 수압 면적차에 의한 압상력을 얻는 베인
· 카트리지 베인 : 체크 밸브, 무부하 밸브 등을 일체로 한 구조의 베인 펌프

33. 동시 출력과 속도가 구조적으로 같아질 수 있는 실린더는?
    - ㉮ 다위치제어 실린더
    - ㉯ 텔레스코프 실린더
    - ㉰ 탠덤 실린더
    - ㉱ 양 로드 실린더

34. 다음 중에서 온도계의 기호는?

    ㉮   ㉯   ㉰ 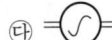   ㉱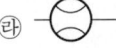

해답 28. ㉱ 29. ㉱ 30. ㉰ 31. ㉮ 32. ㉱ 33. ㉱ 34. ㉯

35. 회로압이 설정압을 넘으면 막이 유체압에 의하여 파열되어 압유를 탱크로 귀환시킴과 동시에 압력상승을 막아 기기를 보호하는 것은?
㉮ 압력 스위치 ㉯ 유체 퓨즈
㉰ 카운터밸런스밸브 ㉱ 감압 밸브

36. 양정(lift)에 대한 설명이 옳은 것은?
㉮ 면적을 힘으로 나눈 단위이다.
㉯ 힘을 면적으로 나눈 단위이다.
㉰ 비중량을 압력으로 나눈 단위이다.
㉱ 압력을 비중량으로 나눈 단위이다.

36. 유체역학의 수두를 유체기계에서는 양정이라고 한다.
$\dfrac{P}{\gamma}$ → 압력수두(압력양정)
$\dfrac{v^2}{2g}$ → 속도수두(속도양정)
z → 위치수두(위치양정)

37. 다음 그림에서 밸브의 포트와 전환 위치수는?
㉮ 2포트 3위치
㉯ 3포트 2위치
㉰ 4포트 3위치
㉱ 5포트 2위치

38. 오른쪽 회로에서 단동실린더의 후진속도를 증속시키기 위해 □ 부분에 사용해야 할 요소는?

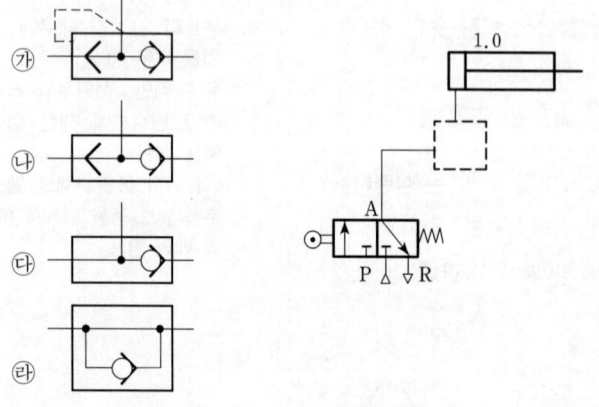

38. 후진속도를 증가시키기 위해서는 고압우선용 셔틀 밸브가 필요하다.

39. 유압작동유가 구비하여야 할 조건 중 틀린 것은?
㉮ 압축성이어야 한다.

39. 유압유는 압축성이 적어야 한다. 즉, 비압축성 유체가 이상적으로는 좋다.

해답 35. ㉯ 36. ㉱ 37. ㉰ 38. ㉮ 39. ㉮

㊏ 적절한 점도가 유지되어야 한다.
㊐ 장시간 사용하여도 화학적으로 안정되어야 한다.
㊑ 열을 방출시킬 수 있어야 한다.

40. 공압실린더의 지지형식이 아닌 것은?
    ㉮ 풋(foot)형   ㉯ 플랜지형
    ㉰ 피벗형   ㉱ 용접형

40. 실린더 지지형식에 공압은 완전고정형인 용접형은 적합치 못하다.

41. 유압의 장점에 해당되지 않는 것은?
    ㉮ 크기에 비해 큰 힘을 발생할 수 있다.
    ㉯ 정확한 위치제어가 가능하다.
    ㉰ 온도변화와 이물질에 대해 둔감하다.
    ㉱ 무단 변속이 용이하다.

41. 유압장치의 가장 큰 요인은 점도이다. 점도는 온도 증가시 감소한다.

42. 유압모터 회로에서 시동시의 서지압력 탐지나 정지시키고자 할 경우에 유압적으로 제동을 부여하는 회로명칭은?
    ㉮ 유보증 회로   ㉯ 정토크 구동 회로
    ㉰ 브레이크 회로   ㉱ 정출력 구동 회로

43. 그림과 같이 프레스용 공구를 유압 크레인을 사용하여 프레스에 장착하려고 한다. 이 경우 유압실린더는 빠른 속도로 운동함으로써 미터-인 방식으로 속도를 감속하고 공구하중에 의한 급작스런 낙하를 방지하여야 한다. 다음 중 급작스런 낙하를 방지할 수 있는 회로는?
    ㉮ 브레이크 회로
    ㉯ 카운터 밸런스 회로
    ㉰ 차동 회로
    ㉱ 그래브 회로

43. 급작스런 낙하 방지용의 압력제어 밸브는 카운터 밸런스 밸브이다.

44. 기어모터에 대한 설명 중 잘못된 것은?
    ㉮ 체적은 고정되며, 압력부하에 대한 보상장치가 없다.
    ㉯ 설계가 간단하고 가격이 저렴하다.

44. 베인(깃)을 이용하는 모터는 베인 모터이다.

해답 40. ㉱ 41. ㉰ 42. ㉰ 43. ㉯ 44. ㉱

④ 작동압력은 대략 140 [kg/cm²]이다.
㉣ 유체의 압력이 베인(깃)에 작용하여 토크를 얻게 된다.

45. 유압모터의 성능에 관한 설명이 잘못된 것은?
㉮ 토크는 항상 최대부하가 걸릴 때 계산하여야 한다.
㉯ 효율을 나타내는 데는 체적효율, 기계효율, 전체효율의 3가지가 있다.
㉰ 기어모터의 베인모터 피스톤(축방향)모터 중에서 피스톤(축방향)모터의 전효율은 가장 낮다.
㉱ 모터의 전효율은 용적효율×기계효율×100(%)이다.

46. 1[kW]는 몇 [kg m/s]인가?
㉮ 75   ㉯ 102   ㉰ 150   ㉱ 200

46. 1[kW] = 102[kg_f m/s]
1[PS] = 75[kg_f m/s]

47. 유압 실린더에서 펌프의 토출량이 부족하면 어떤 결과가 생기는가?
㉮ 밸브 스프링이 고장난다.
㉯ 작동이 불확실해진다.
㉰ 외부로 작동유의 누출이 심하다.
㉱ 실린더의 작동이 늦어진다.

48. 다음 그림에 대한 기호의 명칭은 무엇인가?
㉮ 요동형 유압 엑추에이터
㉯ 정용량형 유압 펌프 및 진공 펌프
㉰ 가변용량형 유압모터
㉱ 정용량형 유압 실린더

49. 유압 실린더의 효율은 얼마 정도인가?
㉮ 80~95[%]   ㉯ 95~100[%]
㉰ 70~80[%]   ㉱ 60~70[%]

50. 일반적으로 작동유 냉각기의 설치 위치로서 가장 알맞은 것은?
㉮ 귀환관로의 저항이 적은 위치

50. 냉각기 중 intercooler는 펌프의 토출쪽, 즉 압력이 적은 곳에 설치한다.

답
45. ㉰   46. ㉯   47. ㉱   48. ㉮   49. ㉮   50. ㉱

㉯ 실린더와 방향전환 밸브의 중간위치
㉰ 펌프의 흡입측
㉱ 펌프의 토출측

51. 유압 모터의 유량을 계산할 때 다음 식 중 적당한 식을 골라라 (회전수 : N[rpm], 용적률 : η, 모터 1회전시 유량 : q[cm^3/rev], 양 : Q[cm^3/min]).
    ㉮ $Q = q\eta/N$
    ㉯ $Q = qNn$
    ㉰ $N\eta/q$
    ㉱ qN/η

51. $Q = qN\eta$
    $$\frac{cm^3}{rev} \cdot \frac{rev}{min} = \frac{cm^3}{min}$$

52. 실린더에서 실린더 면적 $A = 0.93$ [cm^2], 실린더 최고속도 $V = 0.6$ [m/s]이었을 때 유량을 산출하여라.
    ㉮ 3.4 [l/min]
    ㉯ 4.4 [l/min]
    ㉰ 5.4 [l/min]
    ㉱ 6.4 [l/min]

52. $Q = AV = 0.93 \times 60$
    $= 55.8$ [cm^3/s]
    $= 55.8 \times 10^{-3} \times 60$
    $= 3.4$ [l/min]

53. 2축 스크류 압축기의 특징이 아닌 것은 어느 것인가?
    ㉮ 회전축이 평행하므로 고속회전이 가능하고 진동이 적다.
    ㉯ 저주파 소음이 적고 소음제어가 용이하다.
    ㉰ 압축공기가 연속적으로 토출되므로 맥동이 없다.
    ㉱ 계속적으로 급유는 해야 한다.

54. 회로 내의 공기압력이 설정치를 초과할 때 유체를 배기시켜 회로 내의 공기압력을 설정치 내로 일정하게 유지시키는 밸브는?
    ㉮ 릴리프 밸브
    ㉯ 시퀀스 밸브
    ㉰ 감압 밸브
    ㉱ 안전밸브

54. 안전 밸브로서 규정 압력 이상시 작동하는 밸브이다.

55. 펌프 중 다른 펌프와 비교하여 비교적 높은 압력까지 형성할 수 있는 펌프는?
    ㉮ 베인펌프
    ㉯ 내접기어펌프
    ㉰ 외접기어펌프
    ㉱ 피스톤펌프

55. 피스톤 펌프 중 플런저 펌프가 가장 고압이다.

해답 51. ㉯ 52. ㉮ 53. ㉱ 54. ㉮ 55. ㉱

56. 압력제어 밸브는 유압 시스템의 전체 혹은 일부의 압력을 제어한다. 다음 중 압력 릴리프 밸브의 사용 목적에 따른 밸브 명칭이 아닌 것은?
   ㉮ 카운터 밸런스 밸브   ㉯ 브레이크 밸브
   ㉰ 로딩밸브   ㉱ 시퀀스 밸브

57. 실린더 지름 10[cm], 이론 송출량 50[*l*/min], 추력 2.5[kg$_f$]인 유압 실린더의 속도는 몇 [cm/s]인가?(단, 용적효율은 98[%]이다)
   ㉮ 7.4   ㉯ 8.3   ㉰ 9.5   ㉱ 10.4

57. $Q = AV$
$\frac{50 \times 10^{-3}}{60} \times 0.98 = \frac{\pi \times 0.1^2}{4} V$
$V = 0.104 \text{[m/s]} = 10.4 \text{[cm/s]}$

58. 다음 그림은 무슨 그림인가?
   ㉮ 정용량형 유압펌프 모터
   ㉯ 정용량형 유압펌프
   ㉰ 정용량형 유압 모터
   ㉱ 정용량형 공기압 모터

59. 베인펌프의 특징을 설명한 것 중 틀린 것은?
   ㉮ 구조가 간단하고 취급이 용이하다.
   ㉯ 고장이 적고 보수가 용이하다.
   ㉰ 비평형 베인펌프는 송출압력이 70[kg/cm^2] 이하이다.
   ㉱ 가변용량형 베인펌프는 송출량을 조절하기 위하여 베인수를 가감한다.

59. 가변 용량형의 유량 조절 장치로는 편심량 조절이 주로 사용된다.

60. 다음 중 유압 장치의 장점에 해당하는 것은?
   ㉮ 과부하를 막고 안전을 유지할 수 있다.
   ㉯ 고압에서 기름 누설이 생기지 않는다.
   ㉰ 기포가 혼입되어도 고장이 생기지 않는다.
   ㉱ 유온 변화에 대한 성능의 신뢰도가 매우 높다.

61. 어큐뮬레이터의 사용 목적이 잘못 설명되어 있는 것은?
   ㉮ 순간적으로 소량의 기름을 공급하기 위하여
   ㉯ 회로 내의 유압 급변을 막기 위하여

61. 어큐뮬레이터는 축압기로서 주목적은 충격 완화 및 유압보상이다.

해답 56. ㉰ 57. ㉱ 58. ㉮ 59. ㉱ 60. ㉮ 61. ㉮

㉰ 펌프에 의한 맥동을 흡수하기 위하여
㉱ 회로 내의 충격 압력을 흡수하기 위하여

62. 다음에서 점도가 달라져도 유량이 그다지 변하지 않도록 설치된 밸브는 어느 것인가?
　㉮ 교축 밸브　　㉯ 한계 밸브
　㉰ 서보 밸브　　㉱ 체크 밸브

63. 제어용 기계에서 수동 조작 자동복귀형 스위치에 해당하는 것은 어느 것인가?
　㉮ 푸시버튼 스위치　　㉯ 셀렉터 스위치
　㉰ 토글 스위치　　㉱ 텀블러 스위치

64. 공압기기 중 유압조절 밸브의 조절나사가 닿었을 때 밸브가 샌다. 이것의 원인이 아닌 것은?
　㉮ 압축 스프링이 잘못 조립되어 있거나 눌어 붙어 있다.
　㉯ 조절나사가 손상되어 있다.
　㉰ 디스크링이 손상되어 있다.
　㉱ 솔레노이드 헤드에 손상되어 있다.

65. 유압회로의 구성 부품이 아닌 것은 어느 것인가?
　㉮ 유압배관　　㉯ 원심 펌프
　㉰ 유압 펌프　　㉱ 유압 제어 밸브

66. 유압 펌프의 크기는 무엇으로 결정하는가?
　㉮ 속도와 무게　　㉯ 압력과 속도
　㉰ 압력과 토출량　　㉱ 토출량과 속도

67. 토출압이 $40\,[\mathrm{kg/cm^2}]$, 토출량이 $48\,[l/\mathrm{min}]$, 회전수가 $1{,}200\,[\mathrm{rpm}]$인 용적형 펌프의 소비동력이 $3.9\,[\mathrm{kW}]$일 때 펌프의 전효율은 어느 것인가?
　㉮ $80.5\,[\%]$　　㉯ $85\,[\%]$
　㉰ $9.5\,[\%]$　　㉱ $95\,[\%]$

62. 교축 밸브는 유량제어 밸브의 일종으로 압력보상이 필요없는 밸브이다. 종류로는 니들 밸브, 트로트 밸브, 포트 밸브 등이 있다.

63. 수동 조작 자동복귀형 스위치는 푸시버튼(누름조작) 스위치로서 보통 스프링 리턴과 같이 쓰인다.

65. 원심펌프는 비용적식 펌프로서 유압장치에는 사용하지 않음.

66. 출력으로 표시하며
$$H_{\mathrm{kW}} = \frac{PQ}{102\eta}$$

67. $H_{km} = \dfrac{PQ}{102}$
　$= \dfrac{40 \times 10^4}{102} \times \dfrac{48 \times 10^{-3}}{60}$
　$= 3.14\,[\mathrm{kW}]$
　$\dfrac{3.14}{3.9} \times 100 = 80.5\,[\%]$

해답 62. ㉮　63. ㉮　64. ㉱　65. ㉯　66. ㉰　67. ㉮

68. 유압 펌프의 송출압력이 60 [kg/cm²], 송출유량이 25 [*l*/min]인 경우의 펌프동력은 무엇인가?
㉮ 1.8 [kW]   ㉯ 2.45 [kW]
㉰ 3.6 [kW]   ㉱ 4.5 [kW]

68. $H_{km} = \dfrac{PQ}{102}$
$= \dfrac{60 \times 10^4}{102} \times \dfrac{25 \times 10^{-3}}{60}$
$= 2.45 \,[\text{kW}]$

69. 다음 기호 중 가변 용량형 유압펌프 모터의 것은 어느 것인가?

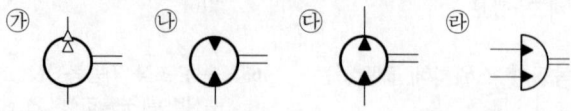

70. 다음은 유압의 요구 성질이다. 그 중에 적당치 않은 것은?
㉮ 시일 재료를 부식하지 않을 것
㉯ 인화 위험성이 작을 것
㉰ 압축성이 클 것
㉱ 값이 저렴하고 취급이 용이할 것

70. 체적탄성계수는 커야 하며 압축성이 작아야 비압축성 유체에 가까워진다.

71. 다음 중 유압회로에서 유압유의 점도가 너무 클 때 일어나는 현상이 아닌 것은 어느 것인가?
㉮ 유압이 낮아진다.
㉯ 열발생이 원인이 된다.
㉰ 관내의 마찰 손실이 커진다.
㉱ 동력 손실이 커진다.

71. 유압이 낮아지는 현상은 점도가 낮을 때이다.

72. 다음 브레이크 회로에서 유압모터를 정지시키고자 할 때 오일의 공급을 중지했을 경우 모터의 작용은 어떠한가?
㉮ 바로 정지한다.
㉯ 잠시동안 공전한다.
㉰ 서서히 감속되며 오랫동안 돈다.
㉱ 급정지했다가 공전에 의해 다시 돈다.

73. 유압을 일로 바꾸는 장치는 어느 것인가?
㉮ 유압 엑추에이터   ㉯ 유압 디퓨저
㉰ 유압 펌프   ㉱ 유압 어큐뮬레이터

73. 유압 디퓨저는 속도를 압력으로 전환하는 기기이다.

해답 68. ㉯ 69. ㉰ 70. ㉰ 71. ㉮ 72. ㉯ 73. ㉮

74. 다음 중 유압펌프의 고장이라고 할 수 없는 것은?
    ㉮ 오일의 압력이 과다하다.
    ㉯ 소음이 크고 잡음이 있다.
    ㉰ 오일이 흐르는 양이나 압력이 부족하다.
    ㉱ 샤프트 샵에서 오일이 누설된다.

75. 기압조정 유압의 구성기기가 아닌 것은?
    ㉮ 감압 밸브
    ㉯ 윤활기
    ㉰ 필터
    ㉱ 애프터쿨러

76. 터보형 공기 압축기의 압축방식은?
    ㉮ 피스톤식
    ㉯ 스크루식
    ㉰ 원심식
    ㉱ 다이어프램식

77. 회로 내의 공기 압력이 설정치를 초과할 때 유체를 배기시켜 회로 내의 공기압력을 설정치 내로 일정하게 유지시키는 밸브는?
    ㉮ 릴리프 밸브
    ㉯ 시퀀스 밸브
    ㉰ 감압 밸브
    ㉱ 안전 밸브

78. 릴레이제어 방식에 비하여 PVC제어 방식은 다음과 같은 장점이 있다. 아닌 것은?
    ㉮ 릴레이 논리뿐만이 아니라 카운터타이머 기능을 간단히 프로그램할 수 있다.
    ㉯ 산술 연산 비교 연산이 가능하다.
    ㉰ 컴퓨터와의 정보교환은 아직 불가능하다.
    ㉱ 동작을 자기진단하며 이상시에는 그 정보를 출력한다.

74. 압력이 과다할 경우는 압력제어 밸브가 작동하면 됨.

75. 애프터쿨러는 공기 중의 수분을 흡수하는 냉각기이다.

76. 터보형 압축기는 원심식이다.

77. 압력제어 밸브 중 릴리프 밸브 (안전밸브)의 목적

해답 74. ㉮ 75. ㉱ 76. ㉰ 77. ㉮ 78. ㉰

79. 공압제어 밸브가 아닌 것은?
   ㉮ 압력제어 밸브   ㉯ 방향제어 밸브
   ㉰ 유량제어 밸브   ㉱ 축압제어 밸브

80. 파일럿 압력제어 밸브의 용도에 적합하지 않은 것은?
   ㉮ 정밀도가 요구되는 시험장치
   ㉯ 원격 제어
   ㉰ 대용량 제어
   ㉱ 속도 제어

80. 파일럿은 유압에 의한 압력제어로서 속도제어용에는 적합치 않다.

81. 다음 중 공기 탱크의 기호로 알맞은 것은?

㉮    ㉯

㉰    ㉱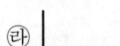

82. 다음 중 유압을 발생시키는 것은?
   ㉮ 제어 밸브   ㉯ 유압 엑추에이터
   ㉰ 유압 모터   ㉱ 유압 펌프

82. 유압을 발생하는 곳은 펌프이며 용적식 펌프를 사용한다.

83. 오른쪽 도면의 회로 명칭은?
   ㉮ 미터인 회로
   ㉯ 미터아웃 회로
   ㉰ 블리드오프 회로
   ㉱ 재생 회로

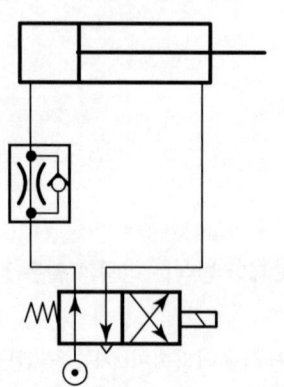

84. 제어순서를 프로그램하는 방식에는 기본적으로 4가지 방식이 있는데 이 중 아닌 것은?
   ㉮ 유접점 기호에 의한 방식

해답 79. ㉱   80. ㉱   81. ㉮   82. ㉱   83. ㉮   84. ㉱

㉯ 논리연산에 의한 방식
㉰ 흐름도에 의한 방식
㉱ 사용 접점수에 의한 방식

85. 제어계의 가장 기본이 되는 요소는 제어대상(controlled system)이라고 할 수 있다. 이 제어대상에 가하는 압력을 제어공학에서는 조작량이라고 한다. 출력은 무엇이라고 부르는가?
    ㉮ 조작량   ㉯ 되먹임 요소
    ㉰ 목표값   ㉱ 제어량

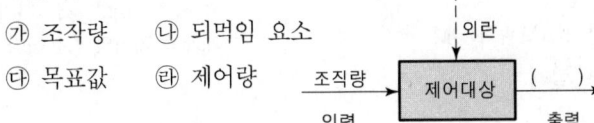

86. 다음 회로는 공압 복동실린더를 이용한 자동복귀 회로도로써 실린더의 전, 후진 속도조절이 가능하다. ☐ 부분의 적당한 요소는?
    ㉮ 2포트롤러 전환밸브(상시닫힘)
    ㉯ 2포트롤러 전환밸브(상시열림)
    ㉰ 3포트롤러 전환밸브(상시닫힘)
    ㉱ 3포트롤러 전환밸브(상시열림)

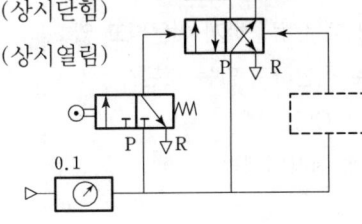

87. 오른쪽 그림의 기호가 뜻하는 명칭은?
    ㉮ 가변용량형 공압펌프
    ㉯ 가변용량형 공압모터
    ㉰ 가변용량형 유압펌프
    ㉱ 가변용량형 유압펌프모터

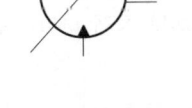

88. 전동기의 정, 역전회로 등에서 다른 계전기의 동시 동작을 금지시키는 기능을 하는 회로는?
    ㉮ 인터록 회로   ㉯ 정지우선 기억회로
    ㉰ 가동우선 기어회로 ㉱ 선입력 우선회로

85.
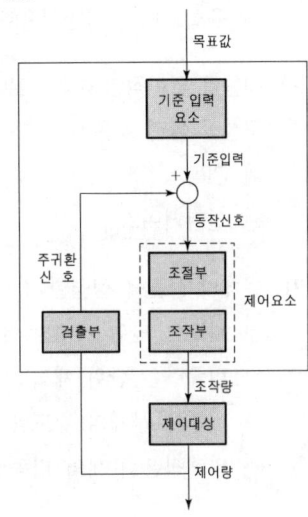

88. 인터록 회로 : 2개의 솔레노이드가 있어서 한 쪽의 입력이 작동하는 중 다른 입력이 가해져도 뒤의 입력은 작동하지 않도록 하는 시퀀스 회로이다.

해답 85. ㉱ 86. ㉰ 87. ㉱ 88. ㉮

7장 공 압

89. 다음 중 유압모터의 특징이 아닌 것은?
㉮ 유압모터의 속도는 작동유의 유압량에 비례한다.
㉯ 부착위치, 환경조건에 대해서 제한이 없다.
㉰ 관성모멘트가 작기 때문에 응답성이 좋다.
㉱ 유압모터는 일반적으로 대형이다.

90. 다음은 일반적인 마이크로 컴퓨터의 구성을 나타낸 것이다. 구성상 틀린 것은?
㉮ CPU ㉯ RAM과 ROM
㉰ 인터페이스 ㉱ 릴레이

90. 릴레이는 컴퓨터의 구성부품이 아니라 실린더 등의 작동시 필요한 기기이다. 즉, 전기회로의 개폐용 기기의 총칭이다.

91. 유체의 성질을 설명한 것 중 옳은 것은?
㉮ 밀도는 단위 체적당 유체의 중량으로 나타낸다.
㉯ 비중량은 단위 체적당 유체의 중량으로 나타낸다.
㉰ 비중은 물체의 밀도를 물의 밀도로 나눈 값이다.
㉱ 비체적은 유체의 비중량을 압력으로 곱한 값이다.

91. 밀도는 단위 체적당 유체의 질량, 비체적은 단위 질량당 유체의 체적.

92. PLC(Programmable Logic Controller)는 생산현장에 설치되어 기계장치를 제어하는데 매우 유용하게 이용되고 있다. 이 PLC의 주요 구성요소로 적합하지 않는 것은?
㉮ 전원부 ㉯ CPU
㉰ 입출력부(I/O Inter face) ㉱ 전자개폐기

92. CPU는 컴퓨터의 구성요소이다.

93. 다음 그림의 명칭은?
㉮ 유압모터 ㉯ 공압모터
㉰ 유압펌프 ㉱ 공압펌프

94. 엑추에이터(actuator)의 배출저항을 적게 하여 운동속도를 빠르게 하는 밸브는?
㉮ 체크밸브 ㉯ 셔틀밸브
㉰ 2-압밸브 ㉱ 릴리프밸브

94. 엑추에이터의 실린더에서 유압은 체크 밸브부터 유압이 흘러 피스톤을 급속히 작동시킨다. 그러므로 큰 질량을 가진 부하가 고속상태로 커버에 충돌시 큰 충격력이 발생한다. 충격력을 방지하기 위해 쿠션기구를 설치해야 한다.

답 89. ㉱ 90. ㉱ 91. ㉯ 92. ㉯ 93. ㉰ 94. ㉱

95. 자동제어계의 시간응답에서 지연시간(time delay)의 정의로서 올바른 것은?
  ㉮ 계단응답에 대해 그 응답 최종 목표값의 30[%]에 도달하는데 필요한 시간
  ㉯ 계단응답에 대해 그 응답 최종 목표값의 50[%]에 도달하는데 필요한 시간
  ㉰ 계단응답에 대해 그 응답 최종 목표값의 70%에 도달하는데 필요한 시간
  ㉱ 계단응답에 대해 그 응답 최종 목표값의 95[%]에 도달하는데 필요한 시간

96. 다음 유압 밸브에서 해당되지 않는 항목은?
  ㉮ 조작방식   ㉯ 조작력
  ㉰ 위치수   ㉱ 포트수

97. 방향전환 밸브의 조작방식에 의한 분류가 아닌 것은?
  ㉮ 압력 조작방식   ㉯ 기계식 조작방식
  ㉰ 공압식 조작방식   ㉱ 스프링 조작방식

98. 공압제어 밸브의 사용목적에 어긋나는 것은?
  ㉮ 급속배기 밸브 : 공기의 배출저항을 감소시키며 실린더의 귀환행로를 단축시킬 수 있다.
  ㉯ 2압 밸브 : AND밸브라고 하며, 각종 안전장치, 검사기능 및 조직제어에 이용된다.
  ㉰ 압력 스위치 : 공기압의 압력 신호를 전기적 신호로 변환시킨다.
  ㉱ 감압밸브 : 1차측 압력(입구측 압력)을 일정하게 한다.

99. 교류 솔레노이드 밸브의 특징이 아닌 것은?
  ㉮ 과전류에 의한 코일의 파손이 적다.
  ㉯ 와전류나 히스테리시스에 의한 손실이 없다.

95. Time delay(시간지연)
응답이 최초의 희망값의 95[%]까지 진행하는데 필요한 시간

98. 감압밸브는 상시 개형으로 출구측 압력을 작게 하는 압력제어 밸브이다.

99. 솔레노이드 밸브는 전자변환밸브라고 하며 전기신호에 의하여 변환 조작을 하는 것으로서 교류는 변환시간이 빠르고 정확하다. 그러나 과전류에 의한 코일의 파손이 일어난다.

해답 95. ㉱ 96. ㉯ 97. ㉯ 98. ㉱ 99. ㉮

㉰ 온도 상승이 크다.
㉱ 흡입력에 맥동이 없으며, 소음이 적다.

100. 교류 솔레노이드 밸브의 특징과 거리가 먼 것은?
    ㉮ 소비전력이 절감된다.
    ㉯ 응답성이 좋다.
    ㉰ 회로 구성품의 조달이 쉽다.
    ㉱ 소음이 적다.

100. 직류 솔레노이드와의 비교로서 교류의 경우 유지 전류가 적어도 기동시에는 큰 전류가 흐르게 되므로 전선 배선이나 릴레이 접점 용량을 크게 해야 한다.

101. 공압 탠덤 실린더에 관한 설명 중 관계없는 것은?
    ㉮ 2개의 복동 실린더가 1개의 실린더 내에 조립되어 있다.
    ㉯ 피스톤 로드의 출력이 거의 2배이다.
    ㉰ 실린더 직경이 한정되고 큰 힘이 요하는데 사용된다.
    ㉱ 다위치 제어에도 사용된다.

101. 탠덤형 실린더는 세로로 연결된 복수의 피스톤을 가지며 실린더 출력은 커진다. 즉, 다단적 출력제어를 할 수 있다.

102. 공압모터의 특징이 아닌 것은?
    ㉮ 무단 조절 및 출력 조절이 가능하다.
    ㉯ 과부하에 안전하다.
    ㉰ 속도 범위가 넓다.
    ㉱ 고속을 얻기가 어렵다.

102. 공압모터의 단점은
    ㉮ 에너지 변환 효율이 낮다.
    ㉯ 압축성에 의해 제어성 불량
    ㉰ 부하에 의한 회전수 변동이 크다.
    ㉱ 일정회전수에서 높은 정밀도 유지 곤란

103. 오일 탱크로서의 역할을 다하기 위해서 그 구조상 필요한 조건이 있다. 다음 중 필요한 조건이 아닌 것은?
    ㉮ 유면을 알 수 있도록 유면계를 설치해야 한다.
    ㉯ 펌프 토출량의 3배 가량의 기름을 저장할 수 있어야 한다.
    ㉰ 흡입관과 복귀관 사이에 격판을 설치해야 한다.
    ㉱ 이물질이 유입되지 않도록 밀폐되어 있어야 한다.

103. 기름탱크의 유면은 대기압이어야 한다.

104. 압축공기 유닛의 구성요소가 아닌 것은?
    ㉮ 압축공기 필터   ㉯ 압축공기 조절기
    ㉰ 압축공기 윤활기   ㉱ 압축공기 축압기

104. 압축공기 유닛은 압축공기 조절기 필터 윤활기이다.

해답 100. ㉮ 101. ㉱ 102. ㉱ 103. ㉱ 104. ㉱

105. 자동 기계장치를 이용하여 작업을 자동화했을 때의 이점(利點)이 아닌 것은?
    ㉮ 생산속도를 증가시킨다.
    ㉯ 제품의 품질이 균일화된다.
    ㉰ 인건비가 증가된다.
    ㉱ 노동 조건이 향상된다.

106. 다음 중 슬리브 너트를 사용한 관 이음은?
    ㉮ 플레어리스 이음   ㉯ 플레어 이음
    ㉰ 나사 이음   ㉱ 용접 이음

107. 유압모터의 성능에 관한 설명이 잘못된 것은?
    ㉮ 토크는 항상 최대 부하가 걸릴 때 계산하여야 한다.
    ㉯ 효율을 나타내는 데는 체적효율, 기계효율, 전체효율의 3가지가 있다.
    ㉰ 기어모터, 베인모터, 피스톤(축방향)모터 중에서 피스톤(축방향)모터의 전효율이 가장 낮다.
    ㉱ 모터의 전효율은 용적효율 · 기계효율 · 100[%]이다.

108. 다음 중 유압 모터의 가장 큰 특징은?
    ㉮ 간접적으로 회전력을 얻는다.
    ㉯ 유량 조정이 용이하다.
    ㉰ 기름의 유출이 많다.
    ㉱ 무단 변속이 용이하다.

109. 다음 중 포핏밸브의 장점이 아닌 것은?
    ㉮ 압축공기가 절약된다.
    ㉯ 구조가 간단하다.
    ㉰ 밀봉이 우수하다.
    ㉱ 짧은 거리에서 밸브의 전환이 이루어진다.

110. 회로 중에 공기압력이 상승 또는 하강시에 어느 일정한 압력이 되면 전기 스위치가 변환되어 압력변화를 전기 신호로 나타내게 된다. 이러한 작동기기는?
    ㉮ 릴리프 밸브   ㉯ 압력 스위치

105. 기계장치를 이용, 자동화시 인건비가 감소된다.

106. 플레어리스 이음은 크롯치형 이음이라고 하며 본체, 슬리이브, 너트의 세 부분으로 구성되어 있다.

107. 유압모터의 전효율 중 가장 효율이 낮은 것은 기어모터이다.

108. 유압모터의 장점
    ㉮ 시동, 정지, 역전, 변속, 가속 등의 제어가 용이
    ㉯ 고속추종성이 좋다.
    ㉰ 속도나 방향제어가 용이
    ㉱ 토크제어가 편리

답
105. ㉰ 106. ㉮ 107. ㉰ 108. ㉱ 109. ㉮ 110. ㉯

㉰ 시퀀스 밸브 ㉱ 언로드 밸브

111. 부하의 변동이 있어도 비교적 안정된 속도를 얻을 수 있는 회로는?
 ㉮ 미터인 회로 ㉯ 미터아웃 회로
 ㉰ 블리드온 회로 ㉱ 블리드오프 회로

112. 유량제어 밸브의 선정상 유의사항과 거리가 먼 것은?
 ㉮ 엑추에이터에 가깝게 설치한다.
 ㉯ 최대 유량의 흐름을 고려한다.
 ㉰ 유량조절의 고정용 나사는 반드시 풀리지 않도록 한다.
 ㉱ 실린더의 속도제어는 공기의 압축성을 고려하여 비교적 원활한 작동이 일어나는 미터-인을 사용한다.

112. 실린더속도제어는 미터아웃방식이 좋다.

113. 솔레노이드 밸브의 전환 밀도는 매초 몇 회로 규정하고 있는가?
 ㉮ 1회 이하 ㉯ 1회 이상
 ㉰ 3회 이하 ㉱ 3회 이상

113. 솔레노이드 밸브를 매초 1회 이상의 속도로 반복 사용시 고장이 유발할 수 있다.

114. 방향전환 밸브의 응답시간 특성에 관한 설명 중 옳지 않은 것은?
 ㉮ 응답시간이란 밸브에 입력신호가 가해진 시간부터 출력이 어느 규정의 값에 이를 때까지의 시간을 말한다.
 ㉯ 응답속도는 직동형식이 파일럿식보다 느리다.
 ㉰ 전자 밸브의 경우 직류쪽이 느리고 교류쪽이 빠르다.
 ㉱ 응답시간의 불균일성은 직류쪽이 적으며 교류쪽은 통전시의 위상각의 영향으로 비교적 크다.

115. 방향전환 밸브에서 공기통로를 개폐하는 밸브의 형식이 아닌 것은?
 ㉮ 회전판 미끄럼식 ㉯ 스풀식
 ㉰ 포핏식 ㉱ 포용식

115. 공기 통로 개폐방식에는 스풀형, 시트형, 회전스풀형이 있다.

해답 111. ㉮ 112. ㉱ 113. ㉮ 114. ㉯ 115. ㉱

116. 전동기의 정, 역전회로 등에서 다른 계전기와의 동작을 금지시키는 기능을 하는 회로는?
    ㉮ 인터록 회로   ㉯ 정지우선 기억 회로
    ㉰ 가동우선 기억 회로   ㉱ 선입력 우선 회로

116. 한쪽의 입력이 먼저 작동하면 뒤에 다른 입력이 가해져도 작동하지 않는 회로가 인터록 회로이다.

117. 오일 탱크로서의 역할을 다하기 위해서 그 구조상 필요한 조작이 있다. 다음 중 필요한 조건이 아닌 것은?
    ㉮ 유면을 알 수 있도록 유면계를 설치해야 한다.
    ㉯ 펌프 토출량의 3배 가량의 기름을 저장할 수 있어야 한다.
    ㉰ 흡입관과 복귀관 사이에 격판을 설치해야 한다.
    ㉱ 이물질이 유입되지 않도록 밀폐되어 있어야 한다.

118. 압축공기 유닛의 구성요소가 아닌 것은?
    ㉮ 압축공기 필터   ㉯ 압축공기 조절기
    ㉰ 압축공기 윤활기   ㉱ 압축공기 축압기

118. 공기유닛에는 축압기는 포함되지 않는다.

119. 오토 기계장치를 이용하여 작업을 자동화했을 때의 이점이 아닌 것은?
    ㉮ 생산속도를 증가시킨다.
    ㉯ 제품의 품질이 균일화된다.
    ㉰ 인건비가 증가된다.
    ㉱ 노동 조건이 향상된다.

120. 유보충 밸브를 이용하여 실린더의 피스톤 또는 캠을 급속시키는 회로는?
    ㉮ 동기회로   ㉯ 급속이송 회로
    ㉰ 증압 회로   ㉱ 감속 회로

120. 동기회로 : 복수의 엑추에이터를 동시에 동일한 속도로 작동하는 회로

121. 유압 엑추에이터에 유입하는 유량을 제어하는 방식으로 정(正)의 부하가 작용하는 경우에 적당한 회로는?
    ㉮ 블리드 오프 회로   ㉯ 감압 회로
    ㉰ 미터 아웃 회로   ㉱ 미터 인 회로

121. 미터 인 회로 : 부하변동이 크고 피스톤 움직임에 대하여 정방향 부하 작용시

해답
116. ㉮ 117. ㉱ 118. ㉱ 119. ㉰ 120. ㉯ 121. ㉱

122. 다음 중에서 차동 회로를 설치했을 때의 단점을 옳게 설명한 것은?
　　㉮ 방향 전환이 잘 안된다.　㉯ 사이클 시간이 길어진다.
　　㉰ 공회전이 잘 안된다.　　㉱ 추력이 작아진다.

122. 차동회로 : 다른 수압 면적을 사용한 회로로서 전진속도를 빠르게 하여 작업시간을 단축시키나 복귀행정의 출력이 약해진다.

123. 기름의 압력이 높아지는 원인은?
　　㉮ 점도가 높아졌을 때
　　㉯ 점도가 낮아졌을 때
　　㉰ 관로의 지름이 커졌을 때
　　㉱ 관로의 지름이 터졌을 때

123. 점도가 증가하면 마찰이 증대 압력이 상승한다.

124. 다음 중 유압회로에서 주요 밸브가 아닌 것은?
　　㉮ 압력제어 밸브　　㉯ 회로제어 밸브
　　㉰ 유량제어 밸브　　㉱ 방향제어 밸브

124. 제어밸브에는 압력제어 밸브, 유량제어 밸브, 방향제어 밸브가 있다.

125. 다음 중 필터의 여과입도가 너무 높을 때 발생하는 현상은?
　　㉮ 블로바이 현상이 생긴다.
　　㉯ 공동 현상이 생긴다.
　　㉰ 베이퍼록이 생긴다.
　　㉱ 맥동 현상이 생긴다.

125. 여과입도가 너무 높을 시는 압력강하가 발생하고 공동 현상을 유발한다.

126. 공기압 모터의 종류가 아닌 것은?
　　㉮ 기어모터　　　㉯ 나사모터
　　㉰ 피스톤모터　　㉱ 베인모터

127. 실린더에 배압을 발생시켜 주는 밸브는?
　　㉮ 감압밸브　　　㉯ 무부하밸브
　　㉰ 시퀀스밸브　　㉱ 카운터 밸런스 밸브

127. 카운터 밸런스 밸브는 부하의 낙하를 방지하기 위해 배압을 부여하는 밸브이다.

128. 유압 펌프의 형식 중 비 용적형에 해당되는 것은?
　　㉮ 베인펌프　　　㉯ 원심펌프
　　㉰ 기어펌프　　　㉱ 피스톤 펌프

128. 용적식은 유압용 펌프이며 비용적식은 유체기계 펌프이다.

129. 공기 압축기에서 대기압 상태의 공기를 시간당 10 [m³]씩 흡입한다. 이 공기를 700 [KPa]로 압축하면 압축된 공기

129. $P_1 V_1 = P_2 V_2$
$V_1 = \dfrac{P_2 V_2}{P_1} = \dfrac{101.3 \times 10}{700}$
$\quad = 1.45$

해답　122. ㉱　123. ㉮　124. ㉯　125. ㉯　126. ㉯　127. ㉱　128. ㉯　129. ㉮

의 체적은 몇 [m³]인가?(단, 압축시 온도의 변화는 무시한다)
㉮ 1.43 ㉯ 1.25 ㉰ 2.43 ㉱ 2.25

130. 열기전력이 다른 두 금속을 집합하여 만든 열전대를 이용하여 만든 스위치는?
㉮ 온도 스위치 ㉯ 전자 개폐기
㉰ 열동 계진기 ㉱ 광전 스위치

130. 열전대(thermo couple)는 온도를 측정하는 장치이다.
광전자(photo electrocity)는 빛 에너지의 크기에 따라 전류량이 변하는 장치이다.

131. 공기압에 사용되는 압력조절밸브(감압밸브)의 용도는?
㉮ 회로내의 압력을 감압 일정하게 유지시킨다.
㉯ 실린더를 순차적으로 작동시킨다.
㉰ 실린더의 속도를 조절한다.
㉱ 압력변화를 전기신호로 바꾸어 주는 변환기이다.

132. 완전한 진공을 '0'으로 표시한 압력의 세기는?
㉮ 게이지 압력 ㉯ 최고의 압력
㉰ 평균 압력 ㉱ 절대 압력

132. 완전진공을 0으로 하는 압력을 절대압력이라 하고 국제대기압을 0으로 하는 압력을 계기 압력이라 한다.

133. 다음 중 공기압 조정유닛의 구성요소가 아닌 것은?
㉮ 필터 ㉯ 압력 조절 밸브
㉰ 압력 제한 밸브 ㉱ 윤활기

134. 로킹회로에서 정지위치를 장시간 유지하기 위해 사용하는 밸브는?
㉮ 셔틀 밸브 ㉯ 시퀀스 밸브
㉰ 감압 밸브 ㉱ 파일럿 조작 밸브

134. 프레스 등을 자중으로 강하하는 것을 방지하는 회로를 로킹 회로라 하며 파일럿 조작 체크 밸브와 같이 사용하면 확실하게 로크된다.

135. 유압모터의 장점이 아닌 것은?
㉮ 소형 경량으로 큰 출력을 낼 수 있다.
㉯ 속도나 방향제어가 용이하다.
㉰ 작동유의 점도변화에 영향을 받지 않는다.
㉱ 내폭성이 우수하다.

해답 130. ㉮ 131. ㉮ 132. ㉱ 133. ㉰ 134. ㉱ 135. ㉰

136. 유압밸브는 구조적으로 슬라이드와 포핏형태로 나눌 수 있다. 다음 중 포핏형태의 유압밸브의 특성이라고 할 수 없는 것은?
    ㉮ 이물질에 둔감하다.
    ㉯ 밸브구조가 일반적으로 복잡하다.
    ㉰ 누유가 발생되지 않는다.
    ㉱ 압력 보상형의 구조이다.

137. 다음 중 유압모터의 특징이 아닌 것은?
    ㉮ 유압모터의 속도는 작동유의 유입량에 비례한다.
    ㉯ 부착위치, 환경조건에 대해서 제한이 없다.
    ㉰ 관성모멘트가 작기 때문에 응답성이 좋다.
    ㉱ 유압모터는 일반적으로 대형이다.

138. 엑추에이터의 배출저항을 적게 하여 운동속도를 빠르게 하는 밸브는?
    ㉮ 체크 밸브   ㉯ 셔틀 밸브
    ㉰ 2-압 밸브   ㉱ 릴리프 밸브

139. 공압의 특성에 대한 설명이 잘못된 것은?
    ㉮ 무단변속이 가능하다.
    ㉯ 배관이 간단하다.
    ㉰ 작업속도가 빠르다.
    ㉱ 힘의 전달이 어렵고 증폭이 불가능하다.

140. 오른쪽 그림의 회로명칭은?
    ㉮ 미터인 회로
    ㉯ 미터아웃 회로
    ㉰ 블리드오프 회로
    ㉱ 블리드온 회로

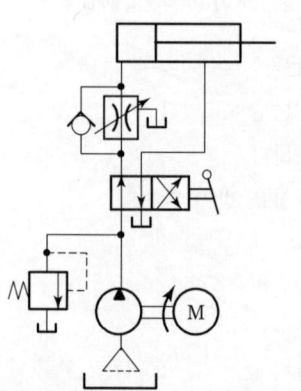

137. 유압모터는 일반적으로 소형이다.

138. hi-lo 회로를 사용한다. 고압 릴리프 밸브와 저압 릴리프 밸브 사용

136. ㉱ 137. ㉱ 138. ㉱ 139. ㉱ 140. ㉮

141. 복동 가변식 전자 엑추에이터의 기호는?

㉮ ㉯
㉰ ㉱

142. 압력제어 기호는?

 ㉮   ㉯   ㉰   ㉱

143. 다음 그림의 기호는?
㉮ 급속배기밸브
㉯ AND 밸브
㉰ OR 밸브
㉱ 체크 밸브

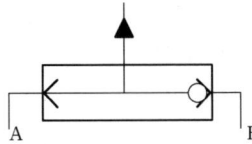

144. 스크루 압축기의 특징이 아닌 것은?
㉮ 진동이 적고 고속 회전이 가능하다.
㉯ 진동이 적으니 저주파 소음이 크다.
㉰ 토출 공기의 맥동이 거의 없다.
㉱ 무급유 시동이 가능하다.

145. 다단펌프 2개를 1개의 본체 내에 직렬로 연결시킨 베인 펌프는?
㉮ 2연 베인펌프   ㉯ 2단 베인펌프
㉰ 폭발 펌프   ㉱ 달린 펌프

145. 직렬로 연결시키면 다단펌프 병렬로 연결시켜 독립된 펌프 작용은 다연펌프이다.

146. 실린더의 배압을 발생시켜 주는 밸브는?
㉮ 감압밸브   ㉯ 무부하 밸브
㉰ 시퀀스 밸브   ㉱ 카운터 밸런스 밸브

146. 배압을 발생시키는 압력제어 밸브는 카운터 밸런스 밸브이다.

147. 주회로의 압력보다 저압으로 감압시켜 구성에 사용되는 밸브 명칭은?
㉮ 시퀀스 밸브   ㉯ 릴리프 밸브
㉰ 감압 밸브   ㉱ 무부하 밸브

147. 항상 개형인 밸브이다.

해답
141. ㉰ 142. ㉯ 143. ㉰ 144. ㉯ 145. ㉯ 146. ㉱ 147. ㉰

148. 공기압 발생장치 중 0.1~1 [kg/cm³]의 압력을 발생시키는 장치는?
   ㉮ 공기 압축기   ㉯ 송풍기
   ㉰ 팬   ㉱ 공기필터

149. 압축공기 조정유닛(서비스 유닛)의 구성 요소가 아닌 것은?
   ㉮ 압축공기 필터   ㉯ 압축공기 조절기(감압)
   ㉰ 압축공기 윤활기   ㉱ 압축공기 증폭기

150. 유압회로의 구성기구가 아닌 것은?
   ㉮ 압력제어밸브   ㉯ 유량제어밸브
   ㉰ 엑추에이터   ㉱ 어큐뮬레이터

150. 엑추에이터 – 구동기기
   어큐뮬레이터 – 축압기

151. 1 [kwh]는 몇 [kcal]인가?
   ㉮ 632.3   ㉯ 102   ㉰ 860   ㉱ 75

152. 어큐뮬레이터의 형식에 의한 분류가 아닌 것은?
   ㉮ 스프링 하중식   ㉯ 중추 하중식
   ㉰ 독립 평행식   ㉱ 공기 압축식

152. 축압기의 종류에는 중추식, 스프링식, 공기식이 있다.

153. 유압기기의 패킹 재료의 구비조건 중 관계없는 것은?
   ㉮ 유연성 및 복원성이 있을 것
   ㉯ 작동 유체에 대해 저항성이 있을 것
   ㉰ 내열성, 내구성, 기계적 강도가 클 것
   ㉱ 마찰저항이 크고 온도 변화에 무관할 것

154. 유압펌프의 종류가 아닌 것은?
   ㉮ 나사펌프 ㉯ 기어펌프 ㉰ 베인펌프 ㉱ 분사펌프

155. 유압식 프로세스 제어계에서 조절기의 이점에 속하는 것은?
   ㉮ 신호전송이 빠르고 용이하다.
   ㉯ 신호전송이 빠르나 조작력이 약하다.

155. 분사펌프는 비용적식 펌프이다.

해답 148. ㉯ 149. ㉱ 150. ㉱ 151. ㉰ 152. ㉰ 153. ㉱ 154. ㉱ 155. ㉮

㉰ 조작력이 강하다.
㉱ 발화의 염려가 없다.

156. 공압 단동 실린더 운동방향을 제어할 수 있는 가장 간단하고 적당한 밸브는?
    ㉮ 4/2-way밸브   ㉯ 3/2-way밸브
    ㉰ 4/3-way밸브   ㉱ 5/2-way밸브

157. 실린더에서 실린더면적 $A=0.93\,[\text{cm}^3]$, 실린더 최고속도 $V=0.6\,[\text{m/s}]$이었을 때 유량은 얼마인가?
    ㉮ 3.4 [l/min]   ㉯ 4.4 [l/min]
    ㉰ 5.4 [l/min]   ㉱ 6.4 [l/min]

157. $Q=AV$
    $=0.93\times 60\times 60$
    $=3348\,[\text{cm}^3/\text{min}]$
    $=3.3\,[l/\text{min}]$

158. 유압장치의 요구된 일을 하며 유압에너지를 기계적 동력으로 바꾸는 역할을 하는 유압요소는?
    ㉮ 유압탱크   ㉯ 유압 엑추에이터
    ㉰ 압력 게이지   ㉱ 에어탱크

158. 유압에너지를 기계적 에너지로 바꿔 일을 하는 부속기기는 구동기기(액추에이터)이다.

159. 펌프에서 소음이 나는 원인이 아닌 것은?
    ㉮ 에어필터의 막힘   ㉯ 이종유 사용
    ㉰ 작동유의 온도가 높다.   ㉱ 장시간 고압에서 운전

160. 유압펌프에서 강제적 펌프의 장점이 아닌 것은?
    ㉮ 비 강제식 펌프에 비해 크기가 대형이며 체적 효율이 좋다.
    ㉯ 높은 압력(70 bar)을 낼 수 있다.
    ㉰ 작동조절의 변화에도 효율의 변화가 적다.
    ㉱ 압력 및 유량의 변화에도 원활히게 작동한다.

161. 공유 변환기의 사용상 주의할 점과 관계없는 것은?
    ㉮ 수평방향으로 설치한다.
    ㉯ 엑추에이터 및 배관내의 공기를 충분히 뺀다.
    ㉰ 엑추에이터보다 높은 위치에 설치한다.
    ㉱ 열원의 가까이에서 사용하지 않는다.

161. 공유 변환기란 공기압력을 동일한 압력의 유압으로 변환시키는 기기이며 장착시 주의점은
    ㉮ 수직으로 부착한다.
    ㉯ 공기뽑기를 충분히 한다.
    ㉰ 엑추에이터보다 높게 설치
    ㉱ 열원 가까이 사용하지 않는다.

156. ㉯ 157. ㉮ 158. ㉯ 159. ㉰ 160. ㉮ 161. ㉮

162. 왕복형 공기압축기가 회전형과 비교시 장점은?
㉮ 진동이 적다. ㉯ 고압 성향이다.
㉰ 소음이 적다. ㉱ 맥동이 적다.

163. 공기 압축기의 P-V 선도상의 왕복형의 압축기의 폴리트로프 변화가 실제 제일 가까운 압축 형태는?
㉮ 단열팽창 ㉯ 저온건조 ㉰ 등온팽창 ㉱ 등온압축

163. 폴리트로프 지수는 일반적으로 1.3 정도로 단열과정 지수 1.4 와 유사하다.

164. 압축 공기의 건조방식이 아닌 것은?
㉮ 흡수식 ㉯ 저온건조 ㉰ 흡착식 ㉱ 고온건조

164. 압축공기 건조방식에는 냉동식, 흡착식, 필터사용 방법이 있다.

165. 공기마이크로미터의 정밀도에 사용되는 여과 엘리먼트는?
㉮ 5 [μm] ㉯ 5~10 [μm]
㉰ 10~40 [μm] ㉱ 40~70 [μm]

165. 필터엘리먼트는 5~10 [μm]정도를 많이 사용한다.

166. 다음 기호에 대한 명칭은?
㉮ 압축기 및 송풍기
㉯ 유압펌프
㉰ 진공펌프
㉱ 공압모터

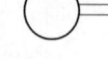

167. 파스칼의 원리에 어긋나는 것은?
㉮ 유체의 압력은 면에 대해 직각으로 작용한다.
㉯ 각 점의 압력은 모든 방향으로 같다.
㉰ 밀폐한 용기 속의 유체의 일부에 가해진 압력은 각 부분에 같은 세기를 가지고 있다.
㉱ 정지해 있는 유체에 힘을 가하면 단면적이 적은 곳은 속도가 느리게 전달된다.

167. 파스칼의 원리는 "정지유체에 가한 힘은 전부분에 일정하게 된다"이다.

168. 면적이 10 [cm²]인 곳을 500 [kg]의 무게로 누르면 작용 압력은?
㉮ 5 [kg/cm²] ㉯ 50 [kg/cm²]
㉰ 56 [kg/cm²] ㉱ 10 [kg/cm²]

168. $P = \dfrac{W}{A} = \dfrac{500}{10}$
$= 50 \,[\text{kg/cm}^2]$

해답 162. ㉰ 163. ㉮ 164. ㉱ 165. ㉯ 166. ㉯ 167. ㉱ 168. ㉯

169. 어큐뮬레이터 회로와 관계가 먼 것은?
 ㉮ 에너지 축적 ㉯ 자동릴레이 작용
 ㉰ 서지압방식 ㉱ 실린더시간단축

169. 축압기를 '어큐뮬레이터'라고 한다.

170. 연속방정식에 대한 설명 중 옳지 않은 것은?
 ㉮ 유체의 흐름의 단면적이 큰 곳에는 유속이 느리다.
 ㉯ 유체의 흐름의 단면적이 작은 곳은 유속이 빠르다.
 ㉰ 정상류일 때 임의의 단면을 통과하는 유량은 항상 일정하다.
 ㉱ 비정상류일 때 임의의 단면을 통과하는 유량은 항상 일정하다.

170. 연속방정식 중 비압축성 3차원 연속방정식은
$$\nabla \cdot \vec{V} = 0$$
1차원 연속방정식은
$$Q = AV$$
이다.

171. 관내에 유체가 흐를 때 층류가 발생될 수 있는 요인에 해당되지 않는 것은?
 ㉮ 유체의 동점도가 큰 경우
 ㉯ 유속이 작은 경우
 ㉰ 가는 관이나 좁은 틈새 통과시
 ㉱ 유속이 큰 경우

171. $R_e = \dfrac{vd}{\nu}$ 관내의 속도가 커서 R_e가 2100 이상이면 층류 범위를 넘는다.

172. 관내의 유체가 난류가 될 수 없는 경우는?
 ㉮ 유체의 점도가 작은 경우
 ㉯ 유속이 작은 경우
 ㉰ 가는 관이나 좁은 틈새 통과시
 ㉱ 유속이 큰 경우

173. 회전식 펌프에 속하지 않는 것은?
 ㉮ 기어펌프 ㉯ 피스톤 펌프
 ㉰ 베인펌프 ㉱ 나사펌프

173. 피스톤 펌프는 왕복식이다.

174. 공압의 특징이 아닌 것은?
 ㉮ 제어가 간단하다.
 ㉯ 쿠션성이 있다.
 ㉰ 압력에너지로서 축적할 수 있다.
 ㉱ 효율이 좋다.

174. 공압은 압력 에너지로의 축적은 곤란하다.

---

169. ㉯ 170. ㉱ 171. ㉱ 172. ㉯ 173. ㉯ 174. ㉰

175. 절대압력의 표시는?
   ㉮ 절대압력=대기압+게이지 압력
   ㉯ 절대압력=대기압−게이지 압력
   ㉰ 절대압력=대기압
   ㉱ 절대압력=게이지 압력

175. 절대압력=대기압+게이지압
     대기압−진공압

176. 이슬점 온도에 관한 정의는?
   ㉮ 공기가 포함할 수 있는 최대의 수분량이다.
   ㉯ 1[m³]의 공기 내에 수분이 완전히 건조될 수 있는 온도점이다.
   ㉰ 공기 속에 포함된 수증기가 응축하기 시작하는 온도점이다.
   ㉱ 1[m³]의 공기 내에 포함된 물의 양이다.

176. 이슬점을 노점(Dew point)이라고 하며 공기 중의 수분이 액상으로 응축되는 온도점이다.

177. 상대습도에 관한 정의는?
   ㉮ 상대습도 = $\dfrac{\text{습공기중의 수증기 분압 }[\text{kg/cm}^3]}{\text{포화 수증기압 }[\text{kg/cm}^3]} \times 100[\%]$
   ㉯ 상대습도 = $\dfrac{\text{포화 수증기압 }[\text{kg/cm}^3]}{\text{습공기중의 수증기 분압}} \times 100[\%]$
   ㉰ 상대습도 = $\dfrac{\text{습공기중의 수증기의 중량 }[\text{g}]}{\text{습공기중의 건조공기의 중량 }[\text{g}]} \times 100[\%]$
   ㉱ 상대습도 = $\dfrac{\text{습공기중의 건조공기의 중량 }[\text{g}]}{\text{습공기중의 수증기의 중량 }[\text{g}]} \times 100[\%]$

178. 압축공기 필터, 압축공기 조절기 및 압축공기 윤활기의 3가지 기능을 갖고 있는 공압기기는?
   ㉮ 압축공기 조정 유닛   ㉯ 압축공기 감압 유닛
   ㉰ 압축공기 증압 유닛   ㉱ 압축공기 제어 유닛

178. 압축공기 조정유닛은 서비스 유닛이라고도 하며 필터, 압력 조절기, 윤활기의 조합을 말한다.

179. 코안더 효과란 무엇을 말하는가?
   ㉮ 세트유 분출쪽에 고정벽이 있을 때 벽면을 따라 흐르는 현상
   ㉯ 세트유 분출이 벽면 밖으로 흘러 맴도는 현상

175. ㉮ 176. ㉰ 177. ㉮ 178. ㉮ 179. ㉮

㉰ 세트유 분출이 원심력에 의해 벽면을 따라 흐르는 현상
㉱ 세트유 분출이 구심력 작용에 의해 맴도는 현상

180. 다음 중 충류의 마찰 계수식은?

㉮ $f = \dfrac{34}{R_e}$ ㉯ $f = \dfrac{64}{R_e}$ ㉰ $f = \dfrac{R_e}{34}$ ㉱ $f = \dfrac{R_e}{64}$

181. 순유체 소자는 어떤 것을 제어하는가?

㉮ 공기나 가스의 제어
㉯ 원격조정의 전기 제어
㉰ 진공란의 전자흐름의 제어
㉱ 트랜지스터의 전자 흐름의 제어

181. 순유체소자는 기계적으로 움직이는 부분없이 공기의 흐름을 제어하는 소자이다.

182. 용적형 압축기에 해당되는 것은?

㉮ 격판 압축기   ㉯ 미끄럼 날개 회전 압축기
㉰ 루트 블로어   ㉱ 축류식 압축기

183. 터보형 공기 압축기의 압축방식은?

㉮ 피스톤식   ㉯ 스크루식
㉰ 원심식   ㉱ 다이어프램식

183. 터보형 압축기에는 축류 압축기와 원심식압축기가 있다.

184. 오른쪽 그림의 밸브에서 표시되지 않은 것은?

㉮ 조관방식
㉯ 조작력
㉰ 관로(구멍)수
㉱ 위치 전환수

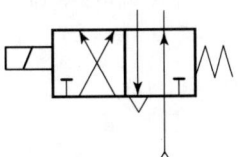

185. 압력제어 밸브의 기호 중 상시 열림의 기본이 되는 것은?

㉮ 감압 밸브   ㉯ 언로드 밸브
㉰ 릴리프 밸브   ㉱ 시퀀스 밸브

186. 다음 중 밸브의 표시기호가 잘못된 것은?

㉮ 작업라인 : a, b, c 또는 2, 4, 6
㉯ 배기라인 : R, S, T 또는 3, 5, 7

187. 작업라인은 A, B, C 또는 2, 4, 6이다.

해답 180. ㉯ 181. ㉮ 182. ㉱ 183. ㉰ 184. ㉯ 185. ㉮ 186. ㉮

㉰ 제어라인 : X, Y, Z 또는 10, 12, 14
㉱ 압축공기 공급라인 : P 또는 1

187. 다음 밸브의 KS 기호는?
㉮ 급속 배기 밸브
㉯ 릴리프 밸브
㉰ 체크 밸브
㉱ 셔틀 밸브

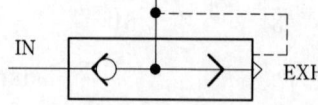

188. 요동형 공압모터의 기호로서 올바른 것은?

188. ㉮ 공압펌프
㉯ 요동 엑추에이터
㉰ 공압모터
㉱ 공압펌프모터

189. 다음 중 증압기의 사용목적은?
㉮ 속도 제어　　㉯ 압력 폭증
㉰ 스틱-슬립현상 방지　㉱ 에너지 저장

190. 공유압 변환기의 장점이 아닌 것은?
㉮ 스틱-슬립현상을 방지할 수 있고 중간정지 기능의 정도를 높일 수 있다.
㉯ 시동시나 부하변동시 일정한 속도를 얻을 수 있다.
㉰ 공압과 유압구동의 특징을 살려서 지속 제어하는데 매우 유용하다.
㉱ 회로구성이 매우 간단하고 취급이 용이하다.

190. 공유압 변환기는 2종류의 유체를 사용하므로 회로구성이 1종류 유체보다 복잡하다.

191. 다음 중 온도계의 기호는?

192. 동일 도면상에서 적은 중원의 사용으로 다른 기호의 원과 다른 것은?
㉮ 압축기　㉯ 전동기　㉰ 압력원　㉱ 회전이음

192. 압축기, 전동기, 압력원은 큰 원이고, 계측기나, 회전이음은 적은 원이다.

193. 기계에 접속된 취출관로를 나타내는 기호는?

해답　187. ㉮　188. ㉰　189. ㉯　190. ㉱　191. ㉮　192. ㉱　193. ㉮

194. 다음 회로의 명칭은 무엇인가?
㉮ AND 회로
㉯ 플립플롭 회로
㉰ NOT 회로
㉱ OR 회로

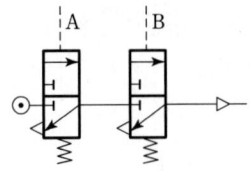

195. 다음 회로에서 A와 B의 압력이 충족될 때 출력 Z가 되는 회로 명칭은?
㉮ AND 회로
㉯ OR 회로
㉰ NOT 회로
㉱ NOR 회로

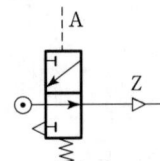

196. 다음 회로에서 A에 전원을 공급하여 여자시키면 출력이 OFF되는 회로의 명칭은?
㉮ AND 회로
㉯ OR 회로
㉰ NOT 회로
㉱ NOR 회로

197. 공압기 모터의 종류에 해당되지 않는 것은?
㉮ 기어 모터   ㉯ 피스톤 모터
㉰ 베인 모터   ㉱ 나사 모터

197. 공기압 모터에는 로터리 베인형, 피스톤형, 기어형, 터빈형이 있다.

198. 속도 에너지를 이용하여 실린더의 속도가 가장 빠른 실린더는?
㉮ 탠덤 실린더   ㉯ 임팩트(충격)실린더
㉰ 회전 실린더   ㉱ 다위치 실린더

199. 요동 엑추에이터의 종류에 해당되지 않는 것은?
㉮ 랙 피니언형   ㉯ 베인형
㉰ 스크루형   ㉱ 포핏형

199. 요동 엑추에이터에는 베인형과 피스톤형의 두 가지가 있으며 피스톤형에는 링크, 랙 체인형, 스크루형이 있다.

해답 194. ㉯ 195. ㉮ 196. ㉰ 197. ㉱ 198. ㉯ 199. ㉱

200. 공압 실린더의 크기에 의한 분류방법이 아닌 것은?
   ㉮ 로드의 길이   ㉯ 실린더의 행정길이
   ㉰ 실린더 튜브의 내경   ㉱ 로드의 나사호칭

200. 실린더 크기는 튜브 안지름, 실린더 행정길이, 로드지름, 로드의 나사호칭에 의해 분류된다.

201. 공기의 압축성으로 인한 스틱슬립(stick-slip)현상을 방지하기 위해 사용하는 기기는?
   ㉮ 증압기   ㉯ 증폭기
   ㉰ 하이드로 체크 유닛   ㉱ 니들 밸브

202. 단계적 출력제어가 가능한 실린더는?
   ㉮ 탠덤 실린더   ㉯ 충격 실린더
   ㉰ 다우치형 실린더   ㉱ 램형 실린더

202. 탠덤 실린더는 다단적 출력제어용으로 큰 힘을 낼 수 있다.

203. 오른쪽 그림은 무슨 기호인가?
   ㉮ 진공펌프   ㉯ 압축기
   ㉰ 공기압 모터   ㉱ 유압 모터

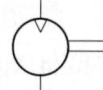

204. 공기압 실린더의 부착방식이 아닌 것은?
   ㉮ 풋(foot)형   ㉯ 플랜지(flange)형
   ㉰ 피벗형   ㉱ 용접형

204. 실린더 부착 방식에는 풋형, 플랜지형, 피벗형, 트러니언형이 있다.

205. 양쪽의 수압면적이 동일하고 공압을 피스톤의 양쪽에 공급할 수 있는 실린더는?
   ㉮ 양쪽 로드 복동 실린더(피스톤형)
   ㉯ 램형 실린더
   ㉰ 다이어프램 실린더(비피스톤형)
   ㉱ 한 쪽 로드 복동 실린더(피스톤형)

206. 실린더의 효율은 추력효율로 나타내는데 추력계수에 대한 설명 중 옳지 않은 것은?
   ㉮ 공기압력이 감소됨에 따라 작게 된다.
   ㉯ 실린더 안지름이 작을수록 계수도 작아진다.

206. 추력계수는 행정길이와는 관계없다.

200. ㉮ 201. ㉰ 202. ㉮ 203. ㉰ 204. ㉱ 205. ㉮ 206. ㉱

㉢ 실린더와 섭동저항, 로드 베어링부의 마찰 등이 실린더 효율을 저하시킨다.

㉣ 실린더의 효율을 증가시키려면 실린더 로드 길이를 길게 한다.

207. 공압모터의 단점에 해당되지 않는 것은?
㉮ 에너지의 변환효율이 낮다.
㉯ 배출공이 크다.
㉰ 부하에 의한 회전속도의 변동이 크고 일정속도를 고감도로 유지하기 곤란하다.
㉱ 공기의 압축성으로 제어성이 우수하다.

207. 공기의 압축성으로 인해 정확한 제어가 곤란하다.

208. 공압모터의 사용상 유의사항이 아닌 것은?
㉮ 배관과 밸브는 유효단면적이 큰 것을 사용한다.
㉯ 공압모터의 내부는 압축공기의 단열팽창으로 항상 냉각될 수 있다.
㉰ 공압모터는 일반적으로 급유를 필요치 않으므로 루브리케이터를 사용하지 않는다.
㉱ 제어 밸브는 공압 모터 가까이에 설치한다.

209. 다음 그림과 같은 유압회로를 무엇이라 하는가?
㉮ 병렬 회로
㉯ 탠덤 회로
㉰ 클로즈드 회로
㉱ 오픈 회로

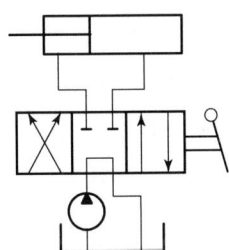

210. 제어 밸브 중립위치에서 하중이 내려가는 원인은?
㉮ 오일이 제어 밸브나 릴리프 밸브를 통과하지 못할 때
㉯ 제어밸브를 놓았을 때 중립에 위치하지 않을 때
㉰ 실린더 패킹이나 O링을 거쳐 오일이 누출될 때
㉱ 제어 밸브와 실린더를 연결하는 오일라인이 파손되었을 때

해답
207. ㉱ 208. ㉰ 209. ㉯ 210. ㉱

211. 다음 중 무부하 밸브의 기호는?

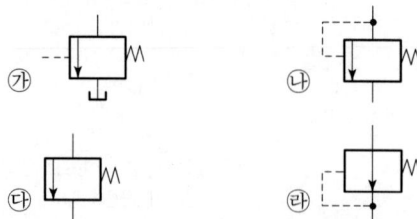

212. 한정된 각도내에서 반복 회전 운동을 하는 기기는?
    ㉮ 실린더   ㉯ 요동 엑추에이터
    ㉰ 모터   ㉱ 차동 엑추에이터

213. 요동 엑추에이터의 사용상 주의사항과 거리가 먼 것은?
    ㉮ 속도조정은 속도제어 밸브를 미터-아웃 회로로 접속한다.
    ㉯ 저속(10도/초)의 경우나 부하의 변동이 있는 경우는 유압으로 변환하여 사용한다.
    ㉰ 부하의 운동에너지가 기기의 허용 운동에너지보다 클 경우는 외부 완충장치(외부 스토퍼)를 설치한다.
    ㉱ 요동각도의 정밀도가 높아야 할 때에는 부하 방향쪽의 지름이 작은 곳에 외부 스토퍼를 설치한다.

214. 공유압 변환기의 취급상 주의사항과 거리가 먼 것은?
    ㉮ 공유압 변환기는 수평방향으로 설치한다.
    ㉯ 엑추에이터 및 배관내의 공기를 충분히 뺀다.
    ㉰ 공유압 변환기는 반드시 엑추에이터보다 높은 위치에 설치한다.
    ㉱ 열원의 가까이에서 사용하지 않는다.

214. 공유압 변환기는 수직으로 설치한다.

215. 기어펌프의 특징을 설명한 것 중 틀린 것은?
    ㉮ 고압시 베어링 하중이 크다.
    ㉯ 외접식과 내접식이 있다.
    ㉰ 가변용량형으로 많이 사용한다.
    ㉱ 윤활유, 절삭유, 화학액의 수송용으로 사용된다.

215. 기어펌프는 가변용량형은 가능하나 많이 사용하지는 않는다.

답 211. ㉮ 212. ㉯ 213. ㉰ 214. ㉮ 215. ㉰

216. 베인펌프의 특징을 설명한 것 중 틀린 것은?
    ㉮ 고장이 적고 보수가 용이하다.
    ㉯ 가변용량형 베인펌프의 송출량을 조절하기 위해서는 베인의 수를 가감해야 한다.
    ㉰ 비평형 베인펌프는 송출압력이 70 [kg/cm^2] 이하이다.
    ㉱ 구조가 간단하고 취급이 용이하다.

216. 베인펌프의 송출량 조절은 편심거리 조정이 수월하다.

217. 피스톤 펌프의 장점이 아닌 것은?
    ㉮ 높은 압력을 얻을 수 있다.
    ㉯ 송출압력의 맥동이 적다.
    ㉰ 무단계로 송출량을 변화시킬 수 있다.
    ㉱ 정용량형 펌프만 만들 수 있다.

217. 피스톤 펌프에는 액셜형과 래이디얼형이 있으며 각도 변환에 따라 토출량을 변환시킨다.

218. 유압펌프의 장점에 대한 설명 중 틀린 것은?
    ㉮ 기어 펌프 : 구조가 간단하고 소형이다.
    ㉯ 베인 펌프 : 장시간 사용해도 성능 저하가 적다.
    ㉰ 가변용량형 베인 펌프의 송출량을 조절하기 위해서는 베인의 수를 가감해야 한다.
    ㉱ 구조가 간단하고 취급이 용이하다.

219. 순유체 소자는 어떤 것을 제어하는가?
    ㉮ 공기나 가스의 제어
    ㉯ 원격조정의 전기 제어
    ㉰ 진공란의 전자흐름의 제어
    ㉱ 트랜지스터의 전자흐름의 제어

219. 순유체 소자란 기계적으로 흐름을 바꾸지 않고 유체흐름을 제어하는 소자이다.

220. 고안더 효괴란 무엇을 말하는기?
    ㉮ 세트유 분출쪽에 고정벽이 있을 때 벽면을 따라 흐르는 현상
    ㉯ 세트유 분출이 벽면 밖으로 흘러 맴도는 현상
    ㉰ 세트유 분출이 원심력에 의해 벽년에 따라 흐르는 현상
    ㉱ 세트유 분출이 구심력 작용에 의해 맴도는 현상

216. ㉯ 217. ㉱ 218. ㉰ 219. ㉮ 220. ㉮

부록

과년도 문제

1. 다음 중 유압 동력을 직선 왕복 운동으로 바꾸는 기구는 어느 것인가?
   - ㉮ 유압 실린더
   - ㉯ 유압 밸브
   - ㉰ 유압유동 모터
   - ㉱ 유압회전 모터

2. 유압장치의 장점 중 맞지 않는 것은 다음 중 어느 것인가?
   - ㉮ 큰 조작력을 간단히 얻을 수 있다.
   - ㉯ 입력에 대한 출력 응답이 빠르다.
   - ㉰ 조작단의 속도를 무단으로 자유로이 변속시킬 수 있다.
   - ㉱ 작동유의 성질상 온도의 영향을 받지 않는다.

3. 다음은 물과 기름을 설명한 것이다. 적합하지 않는 것은?
   - ㉮ 물은 녹이 잘 슬고, 고압에서 누설이 쉽다.
   - ㉯ 기름은 윤활성이 있어 수명이 길다.

---

1. 실린더 : 직선왕복운동
   모터 : 회전운동

2. 작동유의 점도는 온도에 민감하게 변한다.

3. 기름은 녹이 스는 것을 방지한다.

해답
1. ㉮ 2. ㉱ 3. ㉱

㉰ 물은 점성이 적고 마모도 촉진하게 되므로 특별한 재료를 사용해야 한다.
㉱ 기름은 열에 민감하나 녹이 잘 슬고 마모의 촉진이 쉽다.

4. 유압회로 내에 있어야 할 세 종류의 밸브는?
　㉮ 압력조정 밸브, 압력조절 밸브, 유량조정 밸브
　㉯ 유량조정 밸브, 플로우 조정 밸브, 압력조절 밸브
　㉰ 방향전환 밸브, 디렉셔널 밸브, 압력제어 밸브
　㉱ 압력제어 밸브, 유량제어 밸브, 방향제어 밸브

4. 유압제어 밸브의 3요소
압력제어 밸브, 유량제어 밸브, 방향제어 밸브

5. 다음 중 연결이 잘못된 것은?
　㉮ 일의 시간 : 속도제어 밸브
　㉯ 일의 빠르기 : 유량조정 밸브
　㉰ 일의 크기 : 압력제어 밸브
　㉱ 일의 방향 : 방향전환 밸브

5. 유량조정 밸브는 배관의 흐름을 조정하여 압력을 조절한다.

6. 유압을 일로 바꾸는 장치는 어느 것인가?
　㉮ 유압 엑추에이터　㉯ 유압 디퓨저
　㉰ 유압 펌프　　　　㉱ 유압 어큐뮬레이터

6. 엑추에이터를 구동기라 하며 실린더, 모터, 요동 엑추에이터가 있다.

7. 유압의 장점에 관한 설명이다. 틀린 것은?
　㉮ 적은 장치로 큰 출력을 얻을 수 있다.
　㉯ 힘과 속도를 자유로이 변속시킬 수 있다.
　㉰ 열의 냉각장치를 취할 필요가 없다.
　㉱ 과부하에 대한 안전장치가 용이하다.

8. 일의 출력을 제어하는 것은?
　㉮ 압력제어부　　㉯ 유량제어부
　㉰ 방향제어부　　㉱ 유압탱크

9. 다음의 유압기기 중 기계적인 일을 유체적인 일로 변환시켜 주는 기기는?
　㉮ 유압 모터　　㉯ 유압 실린더
　㉰ 유압 펌프　　㉱ 어큐뮬레이터

해답　4. ㉱　5. ㉮　6. ㉮　7. ㉰　8. ㉮　9. ㉰

10. 다음 중에서 유압을 발생하는 부분은?
   ㉮ 유압 모터　　㉯ 유압 펌프
   ㉰ 방향제어밸브　㉱ 유압제어밸브

11. 유압실린더와 유압 모터의 다른 점은?
   ㉮ 유압실린더는 왕복운동, 유압모터는 회전운동을 시키는 것
   ㉯ 유압실린더는 회전운동, 유압모터는 왕복운동을 시키는 것
   ㉰ 유압실린더와 유압모터는 왕복운동을 시키는 것
   ㉱ 유압실린더와 유압모터는 직선운동을 시키는 것

12. U자 관에 물이 채워져 있다. 여기에 기름을 넣을 때 기름 25 [cm]와 물 14 [cm]가 평형을 이루었다면 이 기름의 비중은 얼마인가?
   ㉮ 0.52　㉯ 1.67　㉰ 0.06　㉱ 0.56

13. 지름 50 [mm]의 오리피스로부터 유체가 분출할 때 수축부에서의 지름이 47 [mm]라면 수축계수 C_c는 다음 중 어느 것이 맞는가?
   ㉮ 0.81　㉯ 0.9　㉰ 0.6　㉱ 0.95

14. 피스톤의 넓이가 1:10의 비율로 되는 수압기에 100 [kg중]의 힘을 얻으려면 작은 피스톤에 몇 [kg중]의 힘을 가하여야 되는가?
   ㉮ 9.8　㉯ 19.6　㉰ 1　㉱ 10

15. A는 지름이 60 [cm], B는 22 [cm]이다. 이때 A에 300 [kg]의 물체를 올려놓았다. 물의 높이를 같게 하려면 B에 몇 [kg]의 물체를 올려놓아야 하는가?
   ㉮ 40.3　㉯ 110　㉰ 210　㉱ 300

16. 관의 수두가 8.4 [m]일 때 노즐의 속도계수가 0.96이다. 노즐의 속도는?
   ㉮ 13 [m/s]　㉯ 15 [m/s]

---

12. $1000 \times S \times 0.25 = 1000 \times 1 \times 0.14$
$S = \dfrac{0.14}{0.25} = 0.56$

13. C_c = 연면적의 비
$= \dfrac{A_2}{A_1} = \left(\dfrac{0.047}{0.05}\right)^2$
$= 0.88 ≒ 0.9$

14. $P_1 = P_2 = \dfrac{F_1}{A_1} = \dfrac{F_2}{A_2}$,
$F_1 = \dfrac{F_2 \cdot A_1}{A_1 \cdot 10} = \dfrac{100}{10} = 10$

15. $\dfrac{4 \times 300}{\pi \times 0.6^2} = \dfrac{4 \times F_B}{\pi \times 0.22}$,
$F_B = \dfrac{300 \times 0.22^2}{0.6^2} = 40.33$

16. $V = c\sqrt{2gh}$
$= 0.96\sqrt{2 \times 9.8 \times 8.4}$
$= 12.3 \, [\text{m/s}]$

해답 10. ㉯　11. ㉮　12. ㉱　13. ㉯　14. ㉱　15. ㉮　16. ㉱

㉰ 8.4 [m/s]　　　　㉱ 12.3 [m/s]

17. 기름의 압축률이 6.8×10^{-5} [cm²/kg]일 때 압력을 0에서 300 [kg/cm²]까지 압축하면 체적은 몇 % 감소하는가?
   ㉮ 2.64　㉯ 2.04　㉰ 2.73　㉱ 2.93

17. $\beta = \dfrac{\dfrac{dV}{v}}{dp} = \dfrac{\varepsilon_v}{dp}$.
   $\varepsilon_v = 6.8 \times 10^{-5} \times 300 \times 100$
   $= 2.04 [\%]$

18. 캐비테이션에 의한 고장 원인이 아닌 것은 무엇인가?
   ㉮ 엑추에이터의 효율이 높아진다.
   ㉯ 유압펌프 내부에 부분적으로 매우 높은 압력이 발생한다.
   ㉰ 경음, 진동을 발생하는 경우도 있다.
   ㉱ 유압펌프에만 발생하는 것이 아니고 유압 모터가 펌프 작용을 할 때도 일어난다.

19. 유압 프레스의 작동 원리는 다음 어느 이론에 바탕을 둔 것인가?
   ㉮ 파스칼의 원리　㉯ 보일의 법칙
   ㉰ 아르키메데스의 원리　㉱ 토리첼리의 원리

19. 유압장치는 파스칼의 원리
   $P_1 = \dfrac{F_1}{A_1} = \dfrac{F_2}{A_2}$

20. 유압이 진공에 가까워짐으로써 기포가 생기며 이것이 찌그러져서 국부적인 고압이나 소음을 발생하는 현상을 무엇이라 하는가?
   ㉮ 캐비테이션(cavitation)
   ㉯ 채터링(chattering)
   ㉰ 서지 압력(surge pressure)
   ㉱ 오리피스(orifice)

20. 캐비테이션(공동현상)의 정의

21. 송출구의 지름 200 [mm], 펌프의 양수량 3.6 [m³/min]일 때 유속은 몇 [m/sec]인가?
   ㉮ 3.78　㉯ 3.16　㉰ 2.78　㉱ 1.91

21. $V = \dfrac{Q}{A} = \dfrac{3.6 \times 4}{60 \times \pi \times 0.2^2}$
   $= 1.91 [\text{m/s}]$　$P = \dfrac{F}{A}$

22. 지름이 20 [cm]인 램의 머리부에 20 [kg/cm²]의 압력이 작용할 때 프레스에 작용하는 하중을 구하여라(단, 마찰은 무시한다).
   ㉮ 628 [kg]　㉯ 6,283 [kg]
   ㉰ 2353 [kg]　㉱ 6,253 [kg]

22. $\therefore F = A \cdot P$
   $= \dfrac{\pi \times 20^2}{4} \times 20$
   $= 6283 [\text{kg}]$

해답
17. ㉯　18. ㉮　19. ㉮　20. ㉮　21. ㉱　22. ㉯

23. 내경 40[mm]의 실린더에서 피스톤 속도가 4.0[m/min]일 때 압유의 이론 유량 Q [l/min]는?

㉮ 5   ㉯ 50   ㉰ 4   ㉱ 40

23. $Q = A \cdot V$
$= \dfrac{\pi \times 0.04^2}{4} \times 1{,}000 \times 4$
$= 5.02 [l/\min]$

24. 지름 15[cm]인 램의 머리부에 20[kg/cm²]의 압력이 작용할 때 프레스의 작용하중을 구하여라(단, 마찰에 의한 효율은 97[%]로 취한다).

㉮ 3,428 [kg]   ㉯ 342.8 [kg]
㉰ 4,328 [kg]   ㉱ 432.8 [kg]

24. $F = P \cdot A\eta$
$= 20 \times \dfrac{\pi 15^2}{4} \times 0.97$
$= 3{,}428 [kg]$

25. 양수량이 0.3[m³/s], 압력 10[kg/cm²], 평균유속 3[m/s]일 때의 배출시키는 펌프의 배출관의 지름은?

㉮ 19.5 [cm]   ㉯ 20.4 [cm]
㉰ 27.6 [cm]   ㉱ 35.7 [cm]

25. $Q = A \cdot V = \dfrac{\pi d^2}{4} V$,
$d = \sqrt{\dfrac{4Q}{\pi V}} = \sqrt{\dfrac{4 \times 0.3}{\pi \times 3}}$
$= 0.357$
$= 35.7 [cm]$

26. 다음 그림에서 $F_1 : F_2$의 비를 구하여라.
(단, $A_1 : A_2 = 1 : 2$)

㉮ 1 : 3
㉯ 2 : 1
㉰ 1 : 2
㉱ 3 : 1

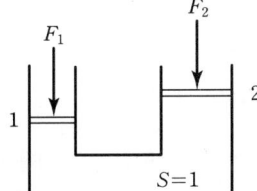

26. $P_1 = P_2 = \dfrac{F_1}{A_1} = \dfrac{F_2}{A_2}$

27. 그림과 같이 실린더 로드에 부하가 없는 경우 A측에 $P_A = 30$ [kg/m²]의 유압을 보내서 B측 출구를 닫아둔다. B측에 발생하는 압력 P_B는 얼마인가?(단, $d = 25$ [mm], $D = 70$ [mm]이다)

㉮ 35 [kg/m²]
㉯ 45 [kg/m²]
㉰ 50 [kg/m²]
㉱ 60 [kg/m²]

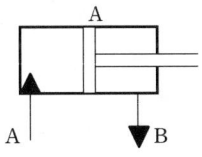

27. $P_A = 30 = \dfrac{4 \times F}{\pi \times 0.07^2}$
$\therefore F = 0.116$
$P_B = \dfrac{4 \times 0.116}{\pi \times (0.07^2 - 0.025^2)}$
$= 34.54 [kg/m^2]$

23. ㉮   24. ㉮   25. ㉱   26. ㉰   27. ㉮

28. 유압기기는 누구의 원리를 이용한 것인가?
   ㉮ 보일의 법칙   ㉯ 베르누이의 원리
   ㉰ 아르키메데스의 원리   ㉱ 파스칼의 원리

29. 작동유의 압력이 0으로부터 20 [kgf/cm²]까지 증가하였을 때 체적이 0.15[%] 감소하였다면 이 작동유의 압축률은 얼마인가?
   ㉮ 6.0×10^{-5} [cm²/kg_f]   ㉯ 6.8×10^{-5} [cm²/kg_f]
   ㉰ 7.5×10^{-5} [cm²/kg_f]   ㉱ 8.5×10^{-5} [cm²/kg_f]

30. 유압실린더에서 피스턴로드가 부하를 미는 힘이 5,000 [kg_f] 피스톤 속도가 4 [m/min]인 경우 실린더 내경이 10 [cm]이라면 소요동력은 얼마인가?
   ㉮ 266 [PS]   ㉯ 4.44 [PS]
   ㉰ 2.66 [PS]   ㉱ 444 [PS]

31. 어떤 관속을 흐르고 있는 물의 평균 속도가 20 [m/sec]이었다. 속도 수두는 다음 중 어느 것이 맞는가?
   ㉮ 204   ㉯ 20.4   ㉰ 10   ㉱ 20

32. 어느 관통 속에 50 [g중/cm²]의 압력에 상당하는 액체를 넣었다. 전압력이 8000 [g중]이었다면 이 관통의 밑변 지름은 몇 [cm]인가?
   ㉮ 12.7   ㉯ 14.27   ㉰ 15.2   ㉱ 150

33. 단면적이 5 [cm²]의 피스톤에 10 [kg]의 힘을 주어 연결된 피스톤에서 60 [kg]의 힘을 얻으려면 피스톤의 지름은 몇 [cm]로 하면 되는가?
   ㉮ 6.18   ㉯ 7.13   ㉰ 61.8   ㉱ 9.34

34. 펌프송출 압력 75 [kg/cm²], 송출량 700 [cm³/sec]인 유압펌프의 펌프 동력은 몇 [PS]인가?
   ㉮ 6   ㉯ 7   ㉰ 8   ㉱ 9

---

29. $\beta = \dfrac{1}{k} = \dfrac{dV}{V} \times \dfrac{1}{dP}$
   $= \dfrac{0.15}{100 \times 20}$
   $= 7.5 \times 10^{-5}$ [cm²/kg_f]

30. $L = \dfrac{F \cdot V}{75} = \dfrac{5000 \times 4}{75 \times 60}$
   $= 4.44$

31. $\dfrac{V^2}{2g} = \dfrac{20^2}{2 \times 9.8} = 20.4$ [m]

32. $F = P \cdot A = P \cdot \dfrac{\pi d^2}{4}$,
   $d = \sqrt{\dfrac{4F}{\pi \rho}} = \sqrt{\dfrac{4 \times 8,000}{\pi \times 50}}$
   $= 14.27$ [cm]

33. $F_2 = \dfrac{A_2 F_1}{A_1} = \dfrac{\pi d_2^2 F_1}{54}$,
   $d_2 = \sqrt{\dfrac{4 \times 5 F_2}{\pi F_1}} = 6.18$ [cm]

34. $L = \dfrac{PQ}{75} = \dfrac{75 \times 10^4 \times 700}{75 \times 100^3}$
   $= 7$ [PS]

답 28. ㉱ 29. ㉰ 30. ㉯ 31. ㉯ 32. ㉯ 33. ㉮ 34. ㉯

35. 유압펌프의 배출압력이 $100\,[\mathrm{kg/cm^2}]$, 배출량 $10\,[l/\sec]$, 전효율이 $90\,[\%]$일 때 이 펌프의 소요되는 동력은 약 몇 $[\mathrm{kW}]$인가?

㉮ 10.8　㉯ 108　㉰ 180　㉱ 60

35. $L = \dfrac{PQ}{102\eta} = \dfrac{100 \times 10^4 \times 10}{102 \times 0.9 \times 1000}$
$= 108\,[\mathrm{kW}]$

36. 기어 펌프의 소음방지책으로 맞는 것은?

㉮ 기어의 잇수를 줄인다.
㉯ 흡입관로에 홈을 판다.
㉰ 압력분포를 한 곳에 집중시킨다.
㉱ 토출구 가까이에 홈을 판다.

37. 펌프의 용적효율은 (η_v) 무엇인가? (단, η_p=펌프효율, η_m=펌프기계 효율)

㉮ $\eta_v = \eta_p + \eta_m$　㉯ $\eta_v = \eta_p \div \eta_m$
㉰ $\eta_v = \eta_p \times \eta_m$　㉱ $\eta_v = \eta_m \div \eta_p$

38. $50\,[\mathrm{PS}]$의 전동기로 배출압력이 $150\,[\mathrm{kg/cm^2}]$, 전효율 $95\,[\%]$의 유압펌프를 구동할 때 펌프의 토출량은 약 몇 $[l/\sec]$나 되는가?

㉮ 1.03　㉯ 2.375　㉰ 3.27　㉱ 4.85

38. $L = \dfrac{PQ}{75}$,
$Q = \dfrac{50 \times 75 \times 0.95}{150 \times 10^4}$
$= 2.375 \times 10^{-3}\,[\mathrm{m^3/s}]$
$1\,\mathrm{m^3} = 1000\,[l]$
$\therefore 2.375\,[l/\sec]$

39. 유압펌프의 크기를 표시하는 방법은?

㉮ 주어진 압력과 그때의 토출압력으로 표시
㉯ 주어진 압력과 그때의 토출력으로 표시
㉰ 주어진 압력과 그때의 토출량으로 표시
㉱ 주어진 속도와 그때의 무게로 표시

40. 플런저 펌프가 고압 펌프로 보이게 된 이유는?

㉮ 실부분이 기어 및 베인 펌프에 비해 길기 때문에
㉯ 실부분이 기어 및 베인 펌프에 비해 곡관이기 때문에
㉰ 실부분이 기어 및 베인 펌프에 비해 짧기 때문에
㉱ 실부분이 기어 및 베인 펌프에 비해 평관이기 때문에

40. 고압펌프일 경우 누설방지를 위해 실을 길게 한다.

해답

35. ㉯　36. ㉱　37. ㉯　38. ㉯　39. ㉰　40. ㉮

41. 압력 80 [kg/cm²]하에서 유량 80 [l/min]를 내는 베인 펌프의 효율이 90 [%]일 때 이 펌프의 구동에 필요한 축동력 L은 [kW]인가?
   ㉮ 18.41　㉯ 14.83　㉰ 12.49　㉱ 11.6

41. $L = \dfrac{PQ}{102\eta}$
    $= \dfrac{80 \times 10^4 \times 80 \times 10^{-3}}{102 \times 0.9 \times 60}$

42. 유압펌프의 장점에 대한 설명이다. 설명이 잘못되어 있는 것은?
   ㉮ 피스톤펌프 : 고압에 적당하며 누설이 적고 효율이 좋다.
   ㉯ 베인펌프 : 장시간 사용해도 성능의 저하가 적다.
   ㉰ 기어펌프 : 구조가 간단하고 소형이다.
   ㉱ 나사펌프 : 운전이 동적이고 내구성이 적다.

42. 나사펌프는 운전이 정적이며 내구성이 크다.

43. 3개의 스크루 로터를 조합한 것으로 저압용으로 연료 펌프에 이용하는 것은?
   ㉮ 기어 펌프　　㉯ 나사 펌프
   ㉰ 베인 펌프　　㉱ 플랜지 펌프

44. 유압펌프의 송출압력이 60 [kg/cm²], 송출유량이 40 [l/min]인 경우 소요동력은 얼마인가? (단, 펌프효율 92 [%])
   ㉮ 3 [kW]　　㉯ 4.26 [kW]
   ㉰ 4.5 [PS]　　㉱ 8.7 [PS]

44. $L = \dfrac{PQ}{102\eta}$
    $= \dfrac{60 \times 10^4 \times 40 \times 10^{-3}}{102 \times 0.92 \times 60}$
    $= 4.26 \ [\text{kW}]$
    $L = \dfrac{PQ}{75\eta} = 5.8 \ [\text{PS}]$

45. 상승압력 100 [kg/cm²], 유량 0.3 [m³/min]을 만족하는 베인펌프의 케이싱 안지름 d는 몇 [cm]인가? (단, 편심량 $c = 5$ [mm], 회전차폭 $b = 40$ [mm], 회전수 $n = 1500$ [rpm], 체적효율 $\eta_v = 95$ [%]이다)
   ㉮ 13.7　㉯ 14.7　㉰ 15.7　㉱ 16.7

45. $Q = 2\pi debN\eta_v$,
    $d = \dfrac{0.3 \times 10^3}{2 \times \pi \times 0.5 \times 4 \times 1500 \times 0.95}$
    $= 16.7$

46. 플런저 펌프의 이점이 아닌 것은?
   ㉮ 토출량의 변화범위가 크다.
   ㉯ 토출압력에 맥동이 적다.
   ㉰ 높은 압력에 견딘다.
   ㉱ 효율이 양호하다.

해답
41. ㉱　42. ㉱　43. ㉯　44. ㉯　45. ㉱　46. ㉯

47. 기어 펌프로 모듈 $m=5$, 치수 $z=30$, 치폭 $b=5\,[\text{cm}]$, 매분 회전수 $n=700$, 체적효율 $\eta_v=80\,[\%]$라 할 때 송출량은?

㉮ $0.353\,[\text{m}^3/\text{min}]$ ㉯ $0.132\,[\text{m}^3/\text{min}]$
㉰ $0.231\,[\text{m}^3/\text{min}]$ ㉱ $0.627\,[\text{m}^3/\text{min}]$

48. 송출압력 $150\,[\text{kg}/\text{cm}^2]$, 송출량 $300\,[l/\text{min}]$을 갖는 사판식 레이디얼 플런저 펌프의 소요동력은 몇 [kW]인가? (단, 체적효율 0.95, 기계효율 0.88)

㉮ 45.8 ㉯ 64.8 ㉰ 84.6 ㉱ 87.95

49. 유압펌프의 배출압력을 $40\,[\text{kg}/\text{cm}^2]$라 하면 시동시 필요한 $180\,[\text{kg}]$의 힘을 얻으려면 실린더의 안지름 d는 약 몇 [mm]로 하면 되는가?

㉮ 25.12 ㉯ 24.83 ㉰ 23.9 ㉱ 248.3

50. 윤활유와 같은 점성액체에 사용되는 펌프는?

㉮ 기초 펌프 ㉯ 플런저 펌프
㉰ 기어 펌프 ㉱ 사류 펌프

51. 정송출량형 유압펌프에서 소음과 진동이 심할 경우에 예상되는 원인은 무엇인가?

㉮ 캐비테이션
㉯ 펌프의 회전방향이 반대
㉰ 작동유의 점도가 너무 높다.
㉱ 회전속도가 늦다.

52. 정용량형 유압펌프의 기호는?

㉮ 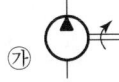   ㉯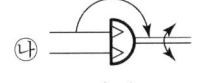
㉰    ㉱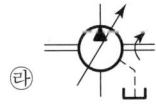

47. $Q=2\pi m^2 z b n \eta_v$
$=2\pi\times0.005^2\times30$
$\times0.05\times700\times0.8$
$=0.13\,[\text{m}^3/\text{min}]$

48. $\eta_{전}=\eta_v\times\eta_m,$
$L=\dfrac{PQ}{102\,\eta}$
$=\dfrac{150\times10^4\times300}{102\times1,000\times60\times0.95\times0.88}$
$=87.95\,[\text{kW}]$

49. $P=\dfrac{F}{A}=\dfrac{4F}{\pi d^2},$
$d=\sqrt{\dfrac{4F}{\pi P}}$
$=\sqrt{\dfrac{4\times180}{\pi\times40\times10^4}}\times1,000$
$=23.9\,[\text{mm}]$

51. 유압펌프에서 소음의 원인
㉮ 흡입구 쪽의 일부가 막혔을 시
㉯ 공기 누입시
㉰ 고정볼트가 헐거울 시
㉱ 펌프와 원동기의 센터 불일치
㉲ 점도가 너무 높을 시

---

47. ㉯ 48. ㉱ 49. ㉰ 50. ㉰ 51. ㉰ 52. ㉮

53. 토출압이 40 [kg/cm²], 토출량 48 [l/min], 회전수가 1,200 [rpm]되는 용적형 펌프에 있어서 소요동력이 3.9 [kW]이었다면 전체효율은 몇 [%]인가?
㉮ 60[%] ㉯ 70[%] ㉰ 80[%] ㉱ 90[%]

54. 플런저 펌프를 분류한 것 중 관계가 없는 것은?
㉮ 레이디얼형   ㉯ 레시프로형
㉰ 축류형   ㉱ 엑시얼형

55. 기어펌프의 폐입(閉入)현상에 대한 설명 중 관계없는 것은?
㉮ 폐입 개시에서 폐입 중앙까지는 유체가 압축을 받아 압력이 비정상적으로 증가한다.
㉯ 캐비테이션의 발생은 폐입중앙과 폐입 종료 사이에서 일어난다.
㉰ 폐입현상의 방지책으로 토출홈을 만들어 준다.
㉱ 토출압이 높아질수록 베어링하중은 작아진다.

56. 축의 각도를 바꾸면 플런저의 행정거리가 변하는 펌프는?
㉮ 레이디얼 플런저 펌프
㉯ 사판식 플런저 펌프
㉰ 트로코이드 펌프
㉱ 사축식 플런저 펌프

57. 베인 펌프의 특징에 관한 설명 중 틀린 것은?
㉮ 베인 선단이 마멸하여도 압력이나 유량저하가 생기지 않는다.
㉯ 고장이 적고 보수가 용이하다.
㉰ 송출압력의 맥동이 크다.
㉱ 베어링에 걸리는 부하가 작다.

58. 다음 그림은 무엇을 나타내는 유압 기호인가?
㉮ 유압탱크   ㉯ 유압펌프
㉰ 유압모터   ㉱ 유압실린더

---

53. $L = \dfrac{PQ}{102\eta}$

$\eta = \dfrac{PQ}{102L}$

$= \dfrac{40 \times 10^4 \times 48 \times 10^{-3}}{102 \times 3.9 \times 60}$

$= 0.804 = 80.4\%$

54. 플런저 펌프는 피스톤 펌프와 유사한 펌프로서 측류형은 없다. 축류, 사류, 혼류형 펌프는 비용적식 펌프의 분류이다.

56. 행정거리가 바뀌면 토출량이 변한다.
　토출량 변환 방법은 사축식은 축의 각도 변환, 사판식은 경사판의 각도로 변환, 레이디얼은 편심거리 변환이다.

답 53. ㉰ 54. ㉰ 55. ㉱ 56. ㉱ 57. ㉰ 58. ㉯

59. 펌프토출압력 70 [kg/cm²], 토출량 30 [l/min]인 유압펌프의 펌프 동력은 얼마인가? (PS)

㉮ 5.0　㉯ 46.7　㉰ 50　㉱ 4.67

59. $L = \dfrac{PQ}{75}$

$= \dfrac{70 \times 10^4 \times 30 \times 10^{-3}}{75 \times 60}$

$= 4.67 \,[PS]$

60. 펌프 토출압 50 [kg/cm²], 토출량 47 [l/min]인 유압펌프의 전효율을 92%로 하면 운동에 필요한 전동기의 최소한의 마력은 몇 마력인가?

㉮ 5.5 [PS]　㉯ 5.83 [PS]　㉰ 5.9 [PS]　㉱ 5.68 [PS]

60. $L = \dfrac{PQ}{75\eta}$

$= \dfrac{50 \times 10^4 \times 47 \times 10^{-3}}{75 \times 0.92 \times 60}$

$= 5.68 \,[PS]$

61. 유압펌프의 고장이라고 할 수 없는 것은?

㉮ 소음이 크고 잡음이 있다.
㉯ 오일의 압력이 과다하다.
㉰ 샤프트 실에서 오일 누설이 있다.
㉱ 오일이 흐르는 양과 압력이 부족하다.

62. 램의 지름 50 [cm], 소요수압 70 [kg/cm²]인 수압 프레스에 작용하는 하중을 구하여라(단, 효율은 100 [%]).

㉮ 137,444 [kg]　㉯ 200,000 [kg]　㉰ 150,437 [kg]　㉱ 255,723 [kg]

62. $P = \dfrac{F}{A} = \dfrac{4F}{\pi d^2}$

$F = P \cdot \dfrac{\pi d^2}{4}$

$= 70 \times 10^4 \times \dfrac{\pi 0.5^2}{4}$

$= 137444$

63. 펌프의 송출압력 35 [kg/cm²], 송출유량 23 [l/min]이며 회전수는 1,000 [rpm], 소비 동력이 5 [PS]라면 펌프의 효율은 얼마인가?

㉮ 35.7 [%]　㉯ 42 [%]　㉰ 38 [%]　㉱ 32 [%]

63. $L = \dfrac{PQ}{75\eta}$　$\eta = \dfrac{PQ}{75L}$

$= \dfrac{35 \times 10^4 \times 23 \times 10^{-3}}{75 \times 5 \times 60}$

$= 0.357 = 35.7\%$

64. 토출압 35 [kg/cm²]에 있어서 토출량 50 [l/min], 회전수 1,200 [rpm]의 용적형 펌프가 있다. 이 때의 소비동력이 5 [kW]일 때 펌프의 전체 효율은 얼마인가?

㉮ 80 [%]　㉯ 55 [%]　㉰ 57 [%]　㉱ 47 [%]

64. $L = \dfrac{PQ}{102\eta}$　$\eta = \dfrac{PQ}{102L}$

$= \dfrac{35 \times 10^4 \times 50 \times 10^{-3}}{102 \times 5 \times 60}$

$= 0.57 = 57\%$

65. 기어 펌프의 소음원인이 아닌 것은?

㉮ 기어 정밀도가 불량
㉯ 토출구에서 압력의 급하강으로 인한 충격

해답　59. ㉱　60. ㉱　61. ㉯　62. ㉮　63. ㉮　64. ㉰　65. ㉯

㉰ 흡입관로에서의 공기흡입
㉱ 폐입현상

66. 초고압 펌프로 사용되는 유압펌프는?
    ㉮ 진공 펌프   ㉯ 플런저 펌프
    ㉰ 니들 밸브   ㉱ 스로틀 밸브

66. 초고압 펌프는 플런저 펌프이다.

67. 유압펌프의 특징으로 맞는 것은?
    ㉮ 토출량에 따라 맥동이 클 것
    ㉯ 토출량에 따라 밀도가 클 것
    ㉰ 토출량에 따라 속도가 변할 것
    ㉱ 토출량에 변화가 적을 것

67. 유압펌프는 용적식 펌프를 사용한다.

68. 유압펌프 중 깃(날개)으로 펌프작용을 시키는 것은?
    ㉮ 로터리 펌프   ㉯ 베인 펌프
    ㉰ 기어 펌프   ㉱ 플런저 펌프

69. 나사 펌프에 대한 설명 중 옳은 것은?
    ㉮ 마찰력이 크고 효율이 높다.
    ㉯ 축이 반경방향, 축방향 부하에 대해 평형이 어렵다.
    ㉰ 3개의 스크루 로터를 조합한 것으로 가변 토출량형 펌프이다.
    ㉱ 운전음이 낮고 맥동이 적다.

69. 나사 펌프는 나사의 외주와 케이싱 사이가 미소한 틈에 의하여 실이 되고 나사가 맞물려 회전하여 연속적으로 펌프작용을 한다. 송출유가 완전한 연속유가 되어 진동이나 소음을 동반하지 않으며 고속운전에도 매우 조용하다. 단점은 스러스트가 발생한다.

70. 가변 용량형 베인 펌프에서 토출량을 변화시키는 방법 중 가장 알맞은 것은?
    ㉮ 로터의 회전과 캠링을 고정하고 작동시키면 된다.
    ㉯ 로터의 회전중심을 고정하든가 캠링을 움직인다.
    ㉰ 로터의 회전중심을 움직이거나 캠링을 움직인다.
    ㉱ 로터의 회전중심만 움직이고 캠링을 고정한다.

71. 복합 베인 펌프의 연결 방법은 어느 것인가?
    ㉮ 2개의 펌프 카트리지와 체크 밸브를 구동축으로 연결한다.

해답 66. ㉯ 67. ㉱ 68. ㉯ 69. ㉱ 70. ㉰ 71. ㉱

㉯ 2개의 카트리지가 1개의 본체 속에 병렬연결되어 구동축으로 회전한다.

㉰ 2개의 카트리지가 1개의 본체 속에 직렬연결되어 구동축으로 회전한다.

㉱ 2개의 펌프 카트리지가 릴리프, 무부하, 체크 밸브를 본체 속에 넣어 구동축으로 작동한다.

72. 유압 실린더에서 피스톤 로드가 부하를 미는 힘이 6000 [kg], 피스톤 속도가 4.8 [m/min]인 경우 실린더 내경이 8 [cm]라면 펌프 동력은 얼마인가?

㉮ 4.22 [PS]   ㉯ 3.8 [PS]
㉰ 3.8 [kW]   ㉱ 5.25 [kW]

72. $L = \dfrac{6000 \times 4.8}{75 \times 60}$
$= 3.8 \,[\text{PS}] = \dfrac{3.8 \times 75}{102}$
$= 2.8 \,[\text{kW}]$

73. 가변용량식 비평형 베인펌프에서 캠링의 안지름이 50 [mm] 로터의 바깥지름이 42 [mm] 로터의 폭이 15 [mm], 그 편심량이 0.35 [mm]이고 회전수가 1,800 [rpm]이었다면 그 때의 무부하량은 얼마인가?(단, 압력은 70 [kg/cm²]에서 체적효율은 93 [%]이다)

㉮ 2.76 [l/min]   ㉯ 3.58 [l/min]
㉰ 3.75 [l/min]   ㉱ 4.64 [l/min]

73. $Q_{th} = \eta_v \cdot Q = \eta_v \, 2\pi debN$
$= 0.93 \times 2 \times \pi \times 5 \times 0.035$
$\times 1.5 \times 1{,}800 \times 10^{-3}$
$= 2.76 \,[l/\min]$

74. 다음 중 토출압 50 [kg/cm²]에 있어서 토출량 48 [l/min], 회전수 1,200 [rpm]의 용적형펌프에서 소요동력이 4 [kW]일 때 전체효율은 몇 [%]인가?

㉮ 90 [%]   ㉯ 80 [%]   ㉰ 70 [%]   ㉱ 98 [%]

74. $L = \dfrac{PQ}{102} = 3.92 \,[\text{kW}]$,
$\eta = \dfrac{L}{4} = \dfrac{3.92}{4} = 0.98$

75. 모듈 3, 잇수 10, 이폭 30 [mm], 인벌루트형 외접기어 펌프에서 회전수가 2000 [rpm]일 경우 실제 유량은 얼마인가? (단, 펌프의 송출압력 70 [kg/cm²], 체적효율 0.95, 토크효율 0.92이다)

㉮ 40 [l/min]   ㉯ 63 [l/min]
㉰ 75 [l/min]   ㉱ 32 [l/min]

75. $Q = 2\pi m^2 bzN\eta_v$
$= 2\pi \times 0.3^2 \times 3 \times 10$
$\times 2000 \times 0.95$
$= 32232 \,[\text{cm}^3/\min]$
$= 32.2 \,[l/\min]$

답
72. ㉯   73. ㉮   74. ㉱   75. ㉱

76. 베인펌프의 회전속도가 1,500 [rpm], 송출압력 85 [kg/cm²], 송출량 53 [l/min], 축동력 8 [kW]이 지금 이 펌프가 무부하일 때의 유량이 56 [l/min]이라면, 이 펌프의 용적효율 및 전효율은 얼마나 되는가?
㉮ 64.6[%], 61[%]   ㉯ 88.2[%], 90[%]
㉰ 94.6[%], 92[%]   ㉱ 88.2[%], 95[%]

77. 유압펌프의 전효율이 92[%]인 펌프의 동력이 40[PS] 때의 펌프의 소요축동력은 얼마인가?
㉮ 32[PS]   ㉯ 20[PS]   ㉰ 43[PS]   ㉱ 40[PS]

78. 토출압 10 [kg/cm²]에 있어서 토출량 50 [l/min], 회전수 1,200 [rpm]의 용적형 펌프에서 압력 0 [kg/cm]일 때 토출량이 60 [l/min]라면 용적효율은 얼마인가?
㉮ 80.5   ㉯ 83.3   ㉰ 86.5   ㉱ 72.5

79. 베인 펌프의 특징에 관한 설명 중 틀린 것은?
㉮ 토출량의 변화는 편심량의 조절에 의해 가능하다.
㉯ 송출압력의 맥동이 크다.
㉰ 베인 선단이 마멸하여도 압력이나 유량 저하가 생기지 않는다.
㉱ 압력 불평형식 베인 펌프가 압력 평형식 베인 펌프보다 베어링 하중이 크다.

80. 사판식 플런저 펌프에 대한 설명 중 관계없는 것은?
㉮ 구조가 간단하다.
㉯ 오일 유동이 양호하여 유동 저항이 적다.
㉰ 경사각이 커서 압력이 높아지면 지지점의 윤활상태가 양호해진다.
㉱ 진동에 대한 안전성이 좋다.

81. 회전 펌프의 종류가 아닌 것은?
㉮ 나사 펌프   ㉯ 기어 펌프

---

76. $\eta_v = \dfrac{\text{실제유량}}{\text{이론유량}} = \dfrac{53}{56} \times 100$
$= 94.6\%$
$L = \dfrac{PQ}{102}$
$= \dfrac{85 \times 10^4 \times 53 \times 10^{-3}}{102 \times 60}$
$= 7.36 \, [\text{kW}]$
$\eta = \dfrac{7.36}{8} \times 100 = 92\%$

77. $\eta_p = \dfrac{\text{펌프동력}}{\text{펌프축동력}}$
$\therefore \text{펌프축동력} = \dfrac{40}{0.92}$
$= 43.5$

78. $\eta_v = \dfrac{50}{60} \times 100 = 83.3\%$

80. 압력이 높아지면 지지점의 윤활상태가 불량해진다.

81. 분사펌프는 압력강하를 이용하는 펌프이다.

해답 76. ㉰ 77. ㉰ 78. ㉯ 79. ㉯ 80. ㉰ 81. ㉱

㉰ 베인 펌프   ㉱ 분사 펌프

82. 원통형 케이싱에 끼운 축이나 또는 원통에 끼운 슬리브에 나사골을 만들어 축이 회전함으로써 액체를 송출시키는 펌프는?
 ㉮ 나사형 점성 펌프   ㉯ 나사 펌프
 ㉰ 와류 펌프   ㉱ 원심 펌프

83. 기어 펌프의 특징을 설명한 것 중 틀린 것은?
 ㉮ 일반적으로 가변 용량형을 많이 사용한다.
 ㉯ 고압시 기어 펌프는 베어링 하중이 크다.
 ㉰ 기어 펌프는 외접식과 내접식으로 구분할 수 있다.
 ㉱ 윤활유, 절삭유, 화학약품액의 수송용으로도 사용된다.

84. 가변용량 베인 펌프에서 캠링의 안지름 $d_2 = 42\,[\text{cm}]$, 로터의 폭 $b = 15\,[\text{cm}]$, 편심량 $e = 3.5\,[\text{cm}]$일 경우 회전수 $n = 1800\,[\text{rpm}]$에서의 무부하량은 몇 $[\text{m}^3/\text{min}]$인가?
 ㉮ 24.9   ㉯ 38.2   ㉰ 42.3   ㉱ 57.6

85. 압력 $70\,[\text{kg/cm}^2]$에서 토출량 $50\,[l/\text{min}]$, 회전수 $1,200\,[\text{rpm}]$인 유압펌프의 소비 동력이 $9\,[\text{PS}]$이라면 펌프의 전효율은 약 몇 [%]인가?
 ㉮ 73   ㉯ 86   ㉰ 82   ㉱ 85

86. 기어펌프에서 모듈이 8, 잇수 20, 이폭 $5\,[\text{cm}]$, 회전수 $500\,[\text{rpm}]$, 체적효율 $90\,[\%]$일 때의 송출량은?(단, 답은 $[l/\text{sec}]$로 구한다)
 ㉮ 753.6   ㉯ 421   ㉰ 301.5   ㉱ 760

87. 베인 펌프 중 분배 밸브가 있는 펌프는?
 ㉮ 1단 베인 펌프   ㉯ 2단 베인 펌프
 ㉰ 2압 베인 펌프   ㉱ 복합 베인 펌프

84. $Q = 2\pi debN$
 $= 2\pi \times 0.42 \times 0.035$
 $\times 0.15 \times 1800$
 $= 24.9\,[\text{m}^3/\text{min}]$

85. $L = \dfrac{PQ}{75}$
 $= \dfrac{70 \times 10^4 \times 50 \times 10^{-3}}{75 \times 60}$
 $= 7.78\,[\text{PS}]$
 $\eta = \dfrac{\text{수동력}}{\text{축동력}} = \dfrac{7.78}{9}$
 $= 10.86$

86. $Q = 2\pi m^2 zbN\eta_v$
 $= \dfrac{2\pi 8^2 \times 20 \times 5 \times 500 \times 0.9}{60}$
 $= 301592\,[\text{cm}^3/s]$
 $= 301\,[l/s]$

87. 2단 베인펌프는 압력분배밸브가 필요하며 펌프가 받는 부하를 균등하게 하는 역할을 한다.

해답 82. ㉮ 83. ㉮ 84. ㉮ 85. ㉯ 86. ㉰ 87. ㉯

88. 다음 중 펌프에서 소음이 나는 이유 중 적당하지 않는 것은?
   ㉮ 펌프의 상부 커버의 고정 볼트가 헐겁다.
   ㉯ 펌프축의 센터와 원동기 축의 센터가 맞지 않는다.
   ㉰ 흡입 기름 중에 기포가 있다.
   ㉱ 릴리프 밸브의 설정압이 너무 낮다.

89. 베인 펌프에서 유압을 발생시키는 주요 부분이 아닌 것은?
   ㉮ 캠링   ㉯ 베인   ㉰ 로터   ㉱ 모터

89. 베인펌프의 구성은 로우터, 캠핑, 베인이다.

90. 1회전 당 유량이 60[cc]인 베인 모터의 공급압력은 70[kg/cm²]이며 유량은 25[l/min]일 때 최대 토크는?
   ㉮ 31.55[kg]   ㉯ 6.69[kg·m]
   ㉰ 9.56[kg·m]   ㉱ 12.38[kg·m]

90. $T = \dfrac{Pq}{2\pi} = \dfrac{70 \times 10^4 \times 60}{2 \times \pi \times 10^6}$
   $= 6.69 \,[\text{kg} \cdot \text{m}]$

91. 어떤 유체 커플링에 있어서 입력축, 출력축의 회전수가 각각 2,500[rpm], 1,600[rpm], 입력축의 토크가 5.5[kg·m] 펌프터빈을 지나는 작동유(비중 0.85)의 유량이 0.3[m³/min]라 하면 손실 수두는 몇 [m]인가?
   ㉮ 109.8   ㉯ 121.9   ㉰ 227.5   ㉱ 338.6

91. 입력축과 출력축의 토크의 차가 생기지 않는 것을 유체 커플링이라 함.
$T = 974\dfrac{H_1}{N_1} = 974\dfrac{H_2}{N_2}$
$L_1 = \dfrac{TN_2}{974} = \dfrac{5.5 \times 2500}{974}$
$= 14.1\,[\text{kW}]$
$L_2 = \dfrac{TN_2}{974} = \dfrac{5.5 \times 1600}{974}$
$= 9.03\,[\text{kW}]$
$\Delta L = \dfrac{\gamma QH}{102} \quad H = \dfrac{102\Delta L}{\gamma Q}$
$= \dfrac{102(14.1 - 9.03)}{1000SQ}$
$= \dfrac{102(14.1 - 9.03) \times 60}{1000 \times 0.85 \times 0.3}$
$= 338.6\,[\text{m}]$

92. 유압기기에 쓰여지는 펌프는 아래와 같은 것이 많이 쓰여지고 있다. 이 중 가장 관계가 적은 것은?
   ㉮ 왕복식 펌프   ㉯ 회전식 펌프
   ㉰ 터보형 펌프   ㉱ 기어식 펌프

93. 펌프의 압력 $P = 200\,[\text{kg/cm}^2]$, 토출량 $Q = 20\,[l/\text{min}]$, 용적효율 $\eta_v = 0.95$일 때 누설 손실은 약 얼마인가?
   ㉮ 0.25[l/min]   ㉯ 1.5[l/min]
   ㉰ 1.75[l/min]   ㉱ 105[l/min]

93. $\eta_v = \dfrac{\text{실제유량}}{\text{이론유량}}$
$\therefore$ 이론유량 - 실제유량
   = 누설손실
$\dfrac{20}{0.95} - 20 = 1.05$

94. 펌프마찰(pumping friction)은?
   ㉮ 급기 압력이 높으면 커진다.
   ㉯ 배기 압력이 낮으면 커진다.

[답] 88. ㉱ 89. ㉱ 90. ㉯ 91. ㉱ 92. ㉰ 93. ㉱ 94. ㉮

㉢ 급기 압력이 증가하고 배기 압력이 감소하면 작아진다.

㉣ 흡기 압력이 증가하고 배기 압력이 감소하면 커진다.

95. 유압펌프 중 초고압($210\,[\text{kg/cm}^2]$ 이상)에 적합한 펌프는?

㉮ 치차펌프(gear 펌프)

㉯ 베인 펌프(vane 펌프)

㉰ 2단 베인 펌프

㉱ 회전 피스톤 펌프(rotary piston 펌프)

95. 초고압에는 피스톤 펌프나 플런저펌프가 사용된다.

96. 모듈 4, 잇수 12, 이의폭 32 [mm]인 인벌루트 치형의 외접 기어 펌프에서 회전수 2000 [rpm]일 경우 실제 유량은?(단, 송출압력 70 [kg/cm^2], 체적효율 95 [%]이다)

㉮ 73.3 [l/min]   ㉯ 83.3 [l/min]

㉰ 93.3 [l/min]   ㉱ 103.3 [l/min]

96. $Q = 2\pi \times m^2 \times z \times b \times N \times \eta_v$
$= 2\pi \times 0.4^2 \times 12 \times 3.2$
$\times 2000 \times 0.95$
$= 73347\,[\text{m}^3/\text{min}]$
$= 73.3\,[l/\text{min}]$

97. 다음 중 유압펌프의 전효율을 나타내는 식은?(단, η_n : 수력효율, η_v : 체적효율, η_m : 기계효율)

㉮ $\eta = \eta_n \cdot \eta_v$ ㉯ $\eta = \eta_v \cdot \eta_m$

㉰ $\eta = \eta_n \cdot \eta_m$ ㉱ $\eta = \eta_n \cdot \eta_m$

98. 50 [ton]의 힘을 발생하고 피스톤 속도가 3.8 [m/min]인 단로드 실린더를 설계하고자 한다. 실린더 안지름을 160 [cm]라고 할 때 필요한 유압과 유량을 계산하면?

㉮ 유압 = 2.48 [kg/cm^2], 유량 = 7640 [l/min]

㉯ 유압 = 50.000 [kg/cm^2], 유량 = 380 [l/min]

㉰ 유압 = 248.8 [kg/cm^2], 유량 = 76.400 [l/min]

㉱ 유압 = 0.249 [kg/cm^2], 유량 = 76.400 [l/min]

98. $P = \dfrac{F}{A}\quad Q = A \cdot V$
$P = \dfrac{F4}{\pi d^2} = \dfrac{50 \times 10^3 \times 4}{\pi \times 160^2}$
$= 2.487\,[\text{kg/cm}^2]$
$Q = \dfrac{\pi d^2}{4} \cdot V$
$= \dfrac{\pi \times 160^2}{4} \times 380$
$= 7640353\,[\text{cm}^3/\text{min}]$
$= 7640\,[l/\text{min}]$

99. 그림의 유압기호가 뜻하는 명칭은?

㉮ 가변용량형 공기압 펌프

㉯ 가변용량형 유압 모터

㉰ 가변용량형 유압펌프, 유압 모터

㉱ 가변용량형 유압펌프

답 95. ㉱   96. ㉮   97. ㉯   98. ㉮   99. ㉱

100. 압력이 65 [kg/cm²] 유량이 30 [l/min]인 유압모터에서 1회전에 대한 유량이 20 [cc/rev], 모터의 전효율이 90[%]로 할 때 모터의 출력은 약 몇 [kW]인가?
- ㉮ 2.29 [kW]
- ㉯ 3.8 [kW]
- ㉰ 3.54 [kW]
- ㉱ 2.9 [kW]

101. 회전이 조용하면 고속회전이 가능하고 폐입 현상이 없으며 진동이 없는 일정량의 기름을 토출하는 펌프는?
- ㉮ 내접기어 펌프
- ㉯ 외접기어 펌프
- ㉰ 나사 펌프
- ㉱ 피스톤 펌프

102. 피스톤면적 10 [cm²], 작동유 압력 200 [kg/cm²], 회전수 250 [rpm], 행정 5 [cm]인 펌프의 이론 마력은?
- ㉮ 0.53 [HP]
- ㉯ 1.067 [HP]
- ㉰ 2.133 [HP]
- ㉱ 11.1 [HP]

103. 토크 효율 0.90, 체적효율 0.95, 소요동력 90 [kW], 송출압력 600 [kg/cm²]인 유압펌프의 송출 유량은?
- ㉮ 약 64.3 [l/min]
- ㉯ 약 66.7 [l/min]
- ㉰ 약 78.49 [l/min]
- ㉱ 약 82.62 [l/min]

104. 펌프의 무부하 운전의 이점 중에서 틀린 것은?
- ㉮ 펌프의 혹사로 인해서 생기는 고장을 방지하고 수명을 연장시킨다.
- ㉯ 구동동력이 경감되어 경제적이다.
- ㉰ 기름의 온도상승이 크고 점도 저하나 열화를 촉진시킨다.
- ㉱ 탱크의 용량이 적어도 된다.

105. 유압 장치에서 부하에 전달되는 동력을 100 [kW], 피스톤 속도를 10 [m/min]로 할 때 피스톤에 발생하는 힘은?
- ㉮ 611 [kg]
- ㉯ 6,120 [kg]
- ㉰ 61,200 [kg]
- ㉱ 612,000 [kg]

---

100. $N = \dfrac{Q}{q} = \dfrac{30}{20 \times 10^{-3}}$
$= 1,500 \text{ [rpm]}$
$T = \dfrac{Pq\eta}{2\pi}$
$= \dfrac{65 \times 10^4 \times 20 \times 10^{-6} \times 0.9}{2\pi}$
$= 1.86 \text{ [kg·m]}$
$T = 974 \dfrac{H_{kW}}{N}, \quad H_{kW} = \dfrac{TN}{974}$
$= \dfrac{1.86 \times 1,500}{974}$
$= 2.87 \text{ [kW]}$

102. $Q = AV = A \cdot \dfrac{2lN}{60}$
$= 10 \dfrac{2 \times 5 \times 250}{60}$
$= 416.67 \text{ [cm}^3\text{/s]}$
$L = \dfrac{PQ}{75}$
$= \dfrac{200 \times 10^4 \times 416.67 \times 10^{-6}}{75}$
$= 11.1 \text{ [PS]}$

103. $0.90 = \dfrac{수동력}{축동력}$
$L = \dfrac{PQ}{102\eta_v}$
수동력 = 81 [kW]
$\therefore Q = \dfrac{81 \times 102 \times 0.95 \times 1000 \times 60}{600 \times 10^4}$
$= 78.489 \text{ [l/min]}$

105. $L = \dfrac{F \cdot V}{102}$,
$F = \dfrac{102L}{V}$
$= \dfrac{102 \times 100 \times 60}{10}$
$= 61,200 \text{ [kg]}$

해답 100. ㉱ 101. ㉰ 102. ㉱ 103. ㉰ 104. ㉰ 105. ㉰

106. 안지름 45 [mm]의 단로드 실린더에서 60 [kg/cm²]의 유압으로 피스톤을 일정속도로 작동시켰다. 이때 로드에 걸리는 무게가 850 [kg]이었다. 귀환유압(반대측 피스톤면에 작용하는 압력)을 0이라고 할 때 마찰 저항은 얼마인가?
　㉮ 790.1 [kg]　　㉯ 2965.1 [kg]
　㉰ 104.3 [kg]　　㉱ 380.0 [kg]

106. 마찰저항 $= F_2 - F_1$,
$F_2 = P \cdot A$
$= 60 \times 10^4 \times \dfrac{\pi \times 0.045^2}{4}$
$= 954.26 - 850$
$= 104.3$

107. 비평형 베인 펌프의 케이싱 안지름이 50 [mm], 로터의 폭이 20 [mm], 베인의 수가 10개, 베인 1매당 두께가 2 [mm] 편심량이 3.5 [mm]이며, 1500 [rpm]으로 운전할 때에 이론 송출량은 얼마인가?
　㉮ 239.9 [cm³/sec]　　㉯ 959.6 [cm³/sec]
　㉰ 549.78 [cm³/sec]　㉱ 1919.1 [cm³/sec]

107. $Q = 2\pi Debn$
$= \dfrac{2\pi \times 5 \times 0.35 \times 2 \times 1,500}{60}$
$= 549.78 \ [\text{cm}^3/\text{s}]$

108. 1회전당의 유량이 40 [cc]의 베인 모터가 있다. 기름의 공급 압력을 70 [kg/cm²], 유량 25 [l/min]로 할 때, 발생할 수 있는 최대 토크 및 회전수를 구하여라.
　㉮ $T_o = 2.46$ [kgm], $n_o = 425$ [rpm]
　㉯ $T_o = 3.46$ [kgm], $n_o = 525$ [rpm]
　㉰ $T_o = 4.46$ [kgm], $n_o = 625$ [rpm]
　㉱ $T_o = 5.46$ [kgm], $n_o = 725$ [rpm]

108. $T = \dfrac{P \cdot q}{2\pi}$, $Q = q \cdot N$
$T = \dfrac{70 \times 10^4 \times 40 \times 10^{-6}}{2\pi}$
$= 4.46 \ [\text{kgm}]$
$n_0 = \dfrac{Q}{q} = \dfrac{25 \times 10^3}{40}$
$= 625 \ [\text{rpm}]$

109. 유압 실린더의 구성요소가 아닌 것은?
　㉮ 실린더 튜브　　㉯ 실린더 커버
　㉰ 피스톤　　　　㉱ 토킹 비임

110. 오른쪽 그림과 같은 유압 실린더에서 부하에 작용하는 힘 F[kg]은 얼마인가?(단, A는 피스톤 단면적, P는 유압, D는 실린더 내경, Q는 유량)
　㉮ $F = \dfrac{P}{0.785 \pi D^2}$
　㉯ $F = P \times \dfrac{P}{\dfrac{\pi D^2}{4}}$

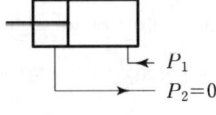

110. $F = P \cdot \dfrac{\pi d^2}{4} \ \left[\dfrac{\text{kg}}{\text{cm}^2} \cdot \text{cm}^2\right]$

106. ㉰　107. ㉰　108. ㉰　109. ㉱　110. ㉰

㉰ $F = P \times \dfrac{\pi D^2}{4}$ ㉱ $F = \dfrac{P}{\dfrac{\pi D^2}{4}}$

111. 토출압력이 큰 순서대로 나열된 유압모터는 어느 것인가?
  ㉮ 기어 모터 → 베인 모터 → 레이디얼 플런저 모터 → 엑시얼 플런저 모터
  ㉯ 엑시얼 플런저 모터 → 레이디얼 플런저 모터 → 베인 모터 → 기어 모터
  ㉰ 베인 모터 → 기어 모터 → 엑시얼 플런저 모터 → 레이디얼 플런저 모터
  ㉱ 레이디얼 플런저 모터 → 엑시얼 플런저 모터 → 베인 모터 → 기어 모터

111. 엑시얼 모터는 210~400 kg/cm²이며 레이디얼 모터는 140~250 kg/cm²이다.

112. 유압 실린더의 구성품이 아닌 것은?
  ㉮ 실린더 튜브   ㉯ 피스톤
  ㉰ 유압 쿠션   ㉱ 유압 밴드

113. 유압 실린더는 어떤 기능을 하는가?
  ㉮ 유압이 갖는 에너지를 속도 에너지로 바꾸는 작업을 한다.
  ㉯ 유압이 갖는 에너지를 위치 에너지로 바꾸는 작업을 한다.
  ㉰ 유압이 갖는 에너지를 운동 에너지로 바꾸는 작업을 한다.
  ㉱ 유압이 갖는 에너지를 직선왕복운동으로 바꾸는 기계적 작업을 한다.

113. 유압실린더는 엑추에이터로서 유압을 직선왕복운동으로 전환한다.

114. 유압실린더가 하는 기능은?
  ㉮ 유압이 갖는 에너지를 직선 왕복운동으로 바꾸어 기계적 작업을 하는 것이다.
  ㉯ 유압이 갖는 에너지를 속도 에너지로 변환시킨다.
  ㉰ 유압이 갖는 에너지를 위치 에너지로 변환시킨다.
  ㉱ 유압이 갖는 에너지를 운동 에너지로 변환시킨다.

115. 다음에서 1회전 당 유량이 50 [cc]인 베인모터의 공급 압력은 60 [kg/cm²], 유량 25 [*l*/min]일 때 최대토크는?

115. $T = \dfrac{Pq}{2\pi}$

해답 111. ㉯ 112. ㉱ 113. ㉱ 114. ㉮ 115. ㉯

㉮ 19.6 [kg·m]   ㉯ 4.77 [kg·m]
㉰ 4.46 [kg·m]   ㉱ 32.5 [kg·m]

$= \dfrac{60 \times 10^4 \times 50 \times 10^{-6}}{2\pi}$
$= 4.77 \, [\text{kgm}]$

116. 실린더 안지름 40 [mm], 피스톤 로드지름 30 [mm]의 유압실린더가 있다. 작동유의 유압을 20 [kg/cm²] 유량을 12 [*l*/min]라 하면 피스톤 로드에 작용하는 힘은 약 몇 [kg]인가?

㉮ 35   ㉯ 27   ㉰ 68.688   ㉱ 30

116. $P = \dfrac{F}{A}$
∴ $F = P \cdot A$
$= 20 \times 10^4 \times \dfrac{\pi \times (0.04^2 - 0.03^2)}{4}$
$= 30 \, [\text{kg}]$

117. 내경 20 [cm], 추력 $F = 7.5$ [ton], 피스톤속도 $V = 38$ [m/min]인 유압 실린더에서 필요로 하는 압력은 얼마인가? [kg/cm²]

㉮ 201   ㉯ 23.87   ㉰ 25.17   ㉱ 24

117. $P = \dfrac{F}{A} = \dfrac{7.5 \times 10^3 \times 4}{\pi 20^2}$
$= 23.87$

118. 출력 토크 5.6 [kg·m], 회전수 30 [rpm]로 하는 회전 피스톤 모터를 계획한다. 모터의 크기를 210 [cm³/rev] 및 105 [cm³/rev]로 할 때 필요한 유압유의 압력을 구하여라 (단, 모터의 토크 효율 및 용적 효율을 각각 90 [%]로 한다).

㉮ 18.6   ㉯ 19.4   ㉰ 21.7   ㉱ 25.4

119. 다음 중 유압모터의 효율을 잘못 설명한 것은?

㉮ 체적효율=이론유량/실제공급유량
㉯ 토크효율=제동토크/이론토크
㉰ 토크효율=이론토크/제동토크
㉱ 전효율=체적효율×토크효율

119. 토크효율은 제동토크÷이론토크로서 항상 1보다 적어야 한다.

120. 유압 모터의 전효율 η는?

㉮ $\eta = \eta_T / \eta_V$ ㉯ $\eta = \eta_T + \eta_V$
㉰ $\eta = \eta_T - \eta_V$ ㉱ $\eta = \eta_T \cdot \eta_V$

121. 5000 [kg]의 힘, 피스톤의 속도 3.8 [m/min]인 단로드 실린더의 소요마력은 몇 [PS]인가?

121. $L = \dfrac{FV}{75} = \dfrac{5000 \times 3.8}{75 \times 60}$

해답
116. ㉱   117. ㉯   118. ㉮   119. ㉰   120. ㉱   121. ㉮

㉮ 4.22　㉯ 5.72　㉰ 7.28　㉱ 8.32

$= 4.22\,[\text{PS}]$

122. 1회전 당 유량이 50 [cc]인 베인모터가 있다. 기름의 공급압력을 90 [kg/cm²], 유량 20 [l/min]라 할 때 발생하여 얻어지는 회전수는 몇 [rpm]인가?
㉮ 530 [rpm]　㉯ 625 [rpm]
㉰ 720 [rpm]　㉱ 400 [rpm]

122. $Q = q \cdot N$,
$\therefore N = \dfrac{0.02 \times 1000 \times 1000}{50}$
$= 400\,[\text{rpm}]$

123. 유압 엑추에이터에서 회전운동을 하는 것은?
㉮ 유압 모터　㉯ 요동형 엑추에이터
㉰ 유압 실린더　㉱ 부동형 엑추에이터

124. 유압실린더에서 피스톤로드가 부하를 미는 힘이 6000 [kg], 피스톤속도가 4 [m/min]인 경우 실린더 내경이 8 [cm]이라면 소요동력은 얼마인가?
㉮ 3.27 [PS]　㉯ 4.23 [PS]
㉰ 5.92 [PS]　㉱ 5.3 [PS]

124. $L = \dfrac{F \cdot V}{75} = \dfrac{6000 \times 4}{75 \times 60}$
$= 5.3\,[\text{PS}]$

125. 압력이 70 [kg/cm²], 유량이 30 [l/min]인 유압모터에서 1분간의 회전수는?(단, 유량 $Q = 30$ [cc/rev]이다)
㉮ 1500　㉯ 1200　㉰ 1000　㉱ 500

125. $Q = qN$
$N = \dfrac{Q}{q}$
$= \dfrac{30 \times 1000}{30}$
$= 1000\,[\text{rpm}]$

126. 유압실린더의 구성요소가 아닌 것은?
㉮ 실린더 튜브(Cylinder tube)
㉯ 피스톤(piston)
㉰ 로킹 빔(rocking beam)
㉱ 실린더 커버(Cylinder cover)

127. 유압 Actuator에 관계없는 것은?
㉮ 요동모터　㉯ 유압펌프
㉰ 유압모터　㉱ 유압실린더

128. 유압실린더의 구성품이 아닌 것은?
㉮ 유압밴드　㉯ 피스톤로드

해답 122. ㉱　123. ㉮　124. ㉱　125. ㉰　126. ㉰　127. ㉯　128. ㉮

㉰ 실린더 튜브   ㉱ 피스톤

129. 다음 중 실린더 로드에 부하가 없는 곳 A측에 $P = 30$ [kg/cm²]의 압력을 보내면 B측 압력을 구하면?(단, 실린더 내경 50 [mm], 로드의 지름 25 [mm]이다)

㉮ 10 [kg/cm²]   ㉯ 30 [kg/cm²]
㉰ 35 [kg/cm²]   ㉱ 40 [kg/cm²]

130. 1회전당 유량이 50 [cc] 유압 베인 모터가 있다. 공급 유압을 90 [kg/cm²], 유량 80 [l/min]으로 할 때 발생할 수 있는 최대 토크는 다음 중 어느 것인가?

㉮ 3.5 [kg·m]   ㉯ 4.3 [kg·m]
㉰ 7.5 [kg·m]   ㉱ 7.16 [kg·m]

130. $T = \dfrac{pq}{2\pi}$
$= \dfrac{90 \times 10^4 \times 50 \times 10^{-6}}{2\pi}$
$= 7.16 \, [\text{kgm}]$

131. 유압실린더가 숨쉬는 현상(breathing)이 발생하는 원인이 되는 것은?

㉮ 유압유의 공기가 혼입되어 있을 때
㉯ 유압유에 물이 혼입되어 있을 때
㉰ 관로의 회로 저항이 클 때
㉱ 유압유의 열팽창계수가 클 때

132. 다음의 유압 모터 중 가변용량형 유압 모터로 사용할 수 있는 것은?

㉮ 엑시얼 모터   ㉯ 치차 모터
㉰ 베인 모터   ㉱ 레디얼 모터

132. 엑시얼 피스톤 모터는 사축식과 사판식이 있으며 모두 1회전당 배출하는 기하학적 체적이 가변인 것과 고정인 것이 있다. 가변인 것을 가변용량형이라 한다.

133. 다음은 유량 제어 밸브의 설명이다. 옳지 않은 것은 무엇인가?

㉮ 회로 효율은 양호하나 정확한 제어는 곤란하다.
㉯ 회로 효율이 양호하며 정확한 제어는 할 수 있다.
㉰ 가변용량형 펌프를 사용해서 1회전마다 토출량을 바꿀 수 있다.
㉱ 유압 실린더나 유압 모터의 운동속도를 제어한다.

133. 정확한 제어를 위해 압력보상 장치가 필요하다.

129. ㉱   130. ㉱   131. ㉮   132. ㉮   133. ㉯

134. 유압회로 내의 유압이 규정보다 높을 때 작동하는 밸브는?
㉮ 리턴 밸브   ㉯ 릴레이 밸브
㉰ 리듀싱 밸브   ㉱ 릴리프 밸브

134. 설정압력 이상일 때는 회로의 안전을 위해 릴리프 밸브를 부착한다.

135. 유량 조절 밸브의 기호는 어느 것인가?

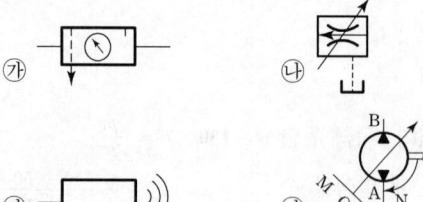

135. ㉮ 공기압 조정 유닛
㉯ 유량 조정밸브
㉰ 경음기
㉱ 가변용량형 펌프모터

136. 2개 이상 분기회로에서 실린더와 모터의 작동순서를 부여해 주는 자동 제어 밸브는?
㉮ 시퀀스 밸브   ㉯ 릴리프 밸브
㉰ 파일럿 체크 밸브   ㉱ 감압 밸브

137. 파일럿 조작으로 시퀀스 밸브를 작동시키면?
㉮ 직접 조작이 된다.   ㉯ 원격조작이 된다.
㉰ 보완 조작이 된다.   ㉱ 고정조작이 된다.

137. 파일럿으로는 유압신호이므로 원격조작이 가능하다.

138. 서보 밸브의 정의로서 옳은 것은?
㉮ 유량을 조절 전기의 흐름으로 변환하는 것
㉯ 유압을 전기로 변환하는 것
㉰ 유속을 전기압력으로 변환하는 것
㉱ 미약한 전기입력 신호를 유압으로 변환하는 것

138. 서보 밸브란 미약한 전기입력 신호를 유압으로 변환시켜 고속의 추종성을 가지도록 기계적으로 제어하는 밸브이다.

139. 역류가 자유로이 흐르도록 되어 있는 밸브는?
㉮ 감압 밸브   ㉯ 카운터 밸런스 밸브
㉰ 시퀀스 밸브   ㉱ 언로딩 밸브

139. 카운터 밸런스 밸브란 한 방향의 흐름에는 설정된 배압을 주고 반대방향의 흐름을 자유 흐름으로 하는 밸브이다.

140. 압력제어 밸브에 속하지 않는 것은?
㉮ 릴리프 밸브   ㉯ 시퀀스 밸브
㉰ 슬로우 리턴 밸브   ㉱ 카운터밸런스 밸브

해답
134. ㉱   135. ㉯   136. ㉮   137. ㉯   138. ㉱   139. ㉯   140. ㉰

141. 유량제어 밸브가 아닌 것은?
   ㉮ 교축 밸브   ㉯ 니들 밸브
   ㉰ 포트 밸브   ㉱ 카운터 밸런스 밸브

142. 다음 중 유량제어 밸브는?
   ㉮ 무부하 밸브   ㉯ 감압 밸브
   ㉰ 메뉴얼 밸브   ㉱ 니들 밸브

143. 다음 중 방향제어 밸브는?
   ㉮ 체크 밸브   ㉯ 감압 밸브
   ㉰ 디셀레이션 밸브 ㉱ 스로틀 밸브

144. 압력의 낙하를 방지하기 위하여 배압을 유지시켜주는 압력제어 밸브는?
   ㉮ 릴리프 밸브   ㉯ 체크 밸브
   ㉰ 시퀀스 밸브   ㉱ 카운터 밸런스 밸브

145. 유압회로에서 어느 부분 압력이 설정치 이상이 되며 그 압력에 의하여 밸브를 전개하고 압력유를 1차측에서 2차측으로 통하게 하는 밸브는?
   ㉮ 시퀀스 밸브   ㉯ 유량조절 밸브
   ㉰ 릴리프 밸브   ㉱ 감압 밸브

146. 회로의 일부에 배압을 발생시키고자 할 때 사용하는 밸브(valve)는 다음 중 어느 것인가?
   ㉮ 안전 밸브(Safety valve)
   ㉯ 무부하 밸브(Unloading valve)
   ㉰ 시퀀스 밸브(Sequence valve)
   ㉱ 카운터 밸런스 밸브(Counter balance valve)

147. 다음 유압기기의 기호는 무엇인가?
   ㉮ 체크 밸브   ㉯ 릴리프 밸브
   ㉰ 어큐뮬레이터   ㉱ 스톱 밸브

141. 카운터 밸런스 밸브는 압력제어 밸브이다.

142. 유량제어 밸브에는 니들 밸브, 스로틀 밸브, 포트 밸브, 디셀레이션 밸브, 유량조정 밸브, 분류 밸브, 집류 밸브가 있다.

143. 방향제어 밸브에는 체크 밸브, 셔틀 밸브, 전환 밸브가 있다.

답 141. ㉱ 142. ㉱ 143. ㉮ 144. ㉱ 145. ㉮ 146. ㉱ 147. ㉮

148. 유압 서보 밸브의 설명이 아닌 것은?
  ㉮ 미세한 전기적 신호가 큰 유압 동력을 제어
  ㉯ 유량 및 압력 제어 서보 밸브가 있다.
  ㉰ 미터링 오리피스 부분은 스풀 범위를 유압 범위로 바꾼다.
  ㉱ 유압 서보 밸브와 부하사이의 배관은 되도록 짧게 한다.

149. 오일의 흐름을 바꾸어 주는 밸브는?
  ㉮ 방향조절 밸브   ㉯ 방향전환 밸브
  ㉰ 방향증대 밸브   ㉱ 방향제어 밸브

150. 유량제어 밸브가 아닌 것은?
  ㉮ 글로브 밸브   ㉯ 스로틀 밸브
  ㉰ 감압 밸브   ㉱ 니들 밸브

150. 감압 밸브는 압력제어 밸브이다.

151. 릴리프 밸브의 기호는?

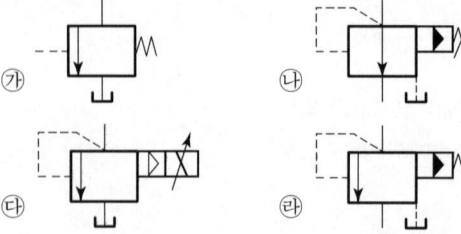

151. ㉮ 무부하 밸브
     ㉯ 감압 밸브
     ㉰ 릴리프 밸브
     ㉱ 시퀀스 밸브

152. 릴리프 밸브와 리듀싱 밸브의 공통점은?
  ㉮ 물체에 가해주는 힘을 바꾸어주는 점
  ㉯ 물체에 회전운동으로 변경한다는 점
  ㉰ 물체에 정지운동으로 변경한다는 점
  ㉱ 물체에 급가속운동으로 변경한다는 점

152. 릴리프 밸브와 리듀싱 밸브는 압력제어 밸브이다.

153. 분기회로의 압력제어에 사용하는 밸브는?
  ㉮ 릴레이 밸브   ㉯ 리턴 밸브
  ㉰ 리듀싱 밸브   ㉱ 릴리프 밸브

153. 리듀싱 밸브는 감압 밸브이며 상시개형으로 분기회로에 설치하여 다른 압력을 얻는다.

154. 다음 그림에서 유량계를 나타내는 기호는?

154. ㉮ 공기유압 변환기
     ㉯ 유량계

148. ㉰ 149. ㉱ 150. ㉰ 151. ㉱ 152. ㉮ 153. ㉰ 154. ㉯

㉰   ㉱

㉰ 압력계
㉱ 차압계

155. 두 개 이상의 분기회로가 있는 곳에 회로의 압력에 의해 개개의 실린더나 모터의 작동순서를 부여하는 자동제어밸브는?
㉮ 시퀀스 밸브   ㉯ 언로드 밸브
㉰ 카운터 밸런스 밸브   ㉱ 교축 밸브

156. 릴리프 밸브는?
㉮ 압력제어 밸브이다.   ㉯ 유량조절 밸브이다.
㉰ 방향제어 밸브이다.   ㉱ 속도제어 밸브이다.

157. 서보 기구의 특징이 아닌 것은?
㉮ 제어되는 것은 전기적 변위이다.
㉯ 피드백 제어이다.
㉰ 원격제어가 많이 쓰인다.
㉱ 유압증폭 작용을 한다.

157. 미약한 전기신호를 유압으로 전환 기계적 조작을 하는 기구가 서보기구이다.

158. 수압면적을 사용한 속도제어 회로 중 맞는 것은?
㉮ 차동회로
㉯ 블리드 오프회로(Bleed off circuit)
㉰ 배압회로(Back pressure circuit)
㉱ 가변펌프회로(Variable 펌프 circuit)

158. 다른 수압 면적을 사용하는 회로를 차동회로라고 하며 피스톤 로드의 이송속도를 빠르게 하며 복귀행정시 출력이 약해진다.

159. 유압회로의 압력이 설정된 압력 이상으로 되는 것을 방지하기 위한 밸브는?
㉮ 카운터 밸런스 밸브   ㉯ 릴리프 밸브
㉰ 압력스위치   ㉱ 시퀀스 밸브

160. 한 쪽 방향으로 흐름은 자유로우나 역방향의 흐름을 허용하지 않는 밸브는?
㉮ 체크 밸브   ㉯ 카운터 밸런스 밸브
㉰ 언로드 밸브   ㉱ 셔틀 밸브

해답 155. ㉮   156. ㉮   157. ㉮   158. ㉮   159. ㉯   160. ㉮

161. 방향제어 밸브를 조작 방식에 따라 분류하면 틀린 것은?
　㉮ 포트식　　㉯ 전자식
　㉰ 인력식　　㉱ 기계식

162. 한쪽 방향의 유동에 대해서는 설정된 배압을 부여하지만 반대 방향의 유동은 자유 유동을 하는 밸브는?
　㉮ 카운터 밸런스 밸브　㉯ 릴리프 밸브
　㉰ 역지 밸브　　㉱ 무부하 밸브

163. 분기 회로의 압력제어에 사용하는 밸브는?
　㉮ 릴레이 밸브　　㉯ 리턴 밸브
　㉰ 리듀싱 밸브　　㉱ 릴리프 밸브

164. 다음 그림은 유압 기호 중 무엇을 나타내는 것인가?

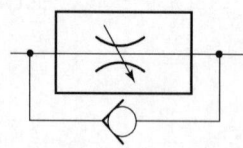

　㉮ 체크 밸브부 가변 유량조절 밸브
　㉯ 감압 밸브
　㉰ 릴리프 밸브(체크 밸브부)
　㉱ 안전 밸브(체크 밸브부)

165. 다음 중 서보 밸브를 사용하는 목적은 무엇인가?
　㉮ 저속 추종성을 얻고자 할 때
　㉯ 공전 추종성을 얻고자 할 때
　㉰ 중속 추종성을 얻고자 할 때
　㉱ 고속 추종성을 얻고자 할 때

166. 주 회로 내의 최대압력을 제어하는 밸브는 어떤 것인가?
　㉮ 리듀싱 밸브　　㉯ 릴리프 밸브
　㉰ 리턴 밸브　　㉱ 릴레이 밸브

161. 방향제어 밸브의 조작 방식에 의한 분류는 인력조작, 기계조작, 파일럿조작, 전기전자조작이 있으며 밸브의 구조에 의한 분류는 시트밸브(볼 밸브, 포핏 밸브)와 슬라이드 밸브(스풀 밸브, 회전 밸브)가 있다.

166. 주회로의 압력을 제어회로전체의 압력을 제어하는 밸브는 릴리프 밸브이다.

해답 161. ㉮　162. ㉮　163. ㉰　164. ㉮　165. ㉱　166. ㉯

167. 유압회로 내의 압력이 밸브의 규정값에 도달하면 밸브가 열려서 기름의 일부 또는 전량을 복귀하는 쪽으로 탈출시켜 회로압력을 일정하게 하거나 최고 압력을 규제해서 각부 장치를 보게 하거나 최고 압력을 규제해서 각부 장치를 보호하는 역할을 하는 밸브는?
　㉮ 리듀싱 밸브　　㉯ 릴리프 밸브
　㉰ 시퀀스 밸브　　㉱ 압력 밸브

168. 유압제어 밸브로서 압력제어 밸브가 될 수 없는 것은?
　㉮ 카운터 밸런스 밸브　㉯ 릴리프 밸브
　㉰ 스로틀 밸브　　㉱ 시퀀스 밸브

169. 그림은 무슨 밸브를 나타낸 것인가?
　㉮ 셔틀 밸브
　㉯ 분류 밸브
　㉰ 시퀀스 밸브
　㉱ 릴리프 밸브

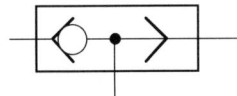

170. 유량조정 밸브의 기호는?

171. 펌프로부터 송출된 작동유의 압력을 설정압으로 유지하는 밸브는?
　㉮ 릴리프 밸브　　㉯ 유량감속 밸브
　㉰ 방향조절 밸브　㉱ 방향선택 밸브

172. 유압장치에서 압력 제어밸브에 속하지 않는 것은?
　㉮ 릴리프 밸브　　㉯ 감압 밸브
　㉰ 시퀀스 밸브　　㉱ 체크 밸브

167. 릴리프 밸브의 정의이다.

168. 스로틀 밸브는 교축 밸브로서 유량제어 밸브이다.

169. 고압우선형 셔틀 밸브로서 방향제어 밸브이다.

172. 체크 밸브는 한쪽 방향으로만 흐르게 하는 방향제어 밸브이다.

해답 167. ㉯　168. ㉰　169. ㉮　170. ㉱　171. ㉮　172. ㉱

173. 리듀싱 밸브는 어느 곳에 사용하는가?
　㉮ 직선회로　　㉯ 분기회로
　㉰ 고정회로　　㉱ 복귀회로

173. 리듀싱 밸브는 상시개형인 감압 밸브로서 분기회로에 설치 작은 압력을 얻을 때 사용한다.

174. 실린더 안의 기름의 압력을 조정하는 밸브는?
　㉮ 시퀀스 밸브　　㉯ 릴리프 밸브
　㉰ 릴레이 밸브　　㉱ 리턴 밸브

175. 유압식 조속기에서 플라이볼의 역할에 대한 설명으로 다음 중 가장 적당한 것은?
　㉮ 연결된 링크로 직접 연료를 가감한다.
　㉯ 파워 피스톤과 직렬되어 있다.
　㉰ 압력유를 펌핑한다.
　㉱ 파일럿 밸브와 연결되어 파일럿 밸브를 움직인다.

176. 그림은 무슨 기호인가?
　㉮ 요동형 엑추에이터
　㉯ 진공 펌프
　㉰ 가변용량형 유압 모터
　㉱ 차동실린더

177. 그림의 유압 기호는 무엇을 나타낸 것인가?
　㉮ 체크밸브
　㉯ 릴리프밸브
　㉰ 스풀밸브
　㉱ 교축밸브

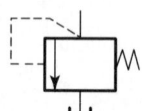

178. 서지 압력이란 무엇인가?
　㉮ 회로 내의 과도적으로 발생하는 이상 압력의 최대값
　㉯ 회로 내의 정상적으로 발생하는 이상 압력의 최대값
　㉰ 회로 내의 정상적으로 발생하는 이상 압력의 최소값
　㉱ 회로 내의 과도적으로 발생하는 이상 압력의 최소값

178. 대용량의 유압모터가 고속에서 급정지할 경우 과도적으로 압력이 상승하는데 이 압력을 서지 압력이라 하며 릴리프 밸브의 응답이 신속하면 서지 압력을 방지할 수 있다.

173. ㉯　174. ㉰　175. ㉰　176. ㉮　177. ㉯　178. ㉮

179. 유압유에 필요한 조건 중 옳지 않은 것은?
 ㉮ 인화점이 높고 온도변화에 대해 점도변화가 적을 것
 ㉯ 물, 공기, 먼지와 잘 융화되어 회로내에 침전물이 없을 것
 ㉰ 적당한 윤활성을 가지고 작동부의 실 역할을 하고 내마모성일 것
 ㉱ 동력을 유효하게 전달하기 위해 압축되기 힘들고 저온고압에서 유동이 용이할 것

180. 유압유의 온도는 작동시에 얼마가 정상인가?
 ㉮ 20~30 [°C]   ㉯ 30~55 [°C]
 ㉰ 40~65 [°C]   ㉱ 80~100 [°C]

181. 유압회로에 유압유 점도가 너무 작을 때 생기는 현상이 아닌 것은?
 ㉮ 펌프 효율을 저하한다.   ㉯ 시동시 저항이 커진다.
 ㉰ 오일 누출이 생긴다.   ㉱ 회로 압력이 떨어진다.

181. 점도가 낮을 경우
 ① 내부누설의 증대
 ② 용적효율 저하
 ③ 압력유지 곤란
 ④ 마모의 증대

182. 유압유는 유체동력의 전달 활동의 윤활, 금속면의 방청을 그의 주목적에 쓰여진다. 다음 중 유압유의 구비조건이 아닌 것은?
 ㉮ 점도지수가 높을 것   ㉯ 유화성이 없을 것
 ㉰ 산화안정성이 있을 것   ㉱ 착화성이 우수할 것

182. 유압유 구비조건
 ① 압축율이 적을 것
 ② 온도에 의한 점도 변화가 적을 것
 ③ 윤활성이 좋을 것
 ④ 소포성이 있을 것
 ⑤ 물리적, 화학적으로 안정 (내유화성)
 ⑥ 난연성

183. 작동유의 구비조건 중 틀린 것은?
 ㉮ 압축성이 적고 적당한 유동성이 있어야 한다.
 ㉯ 열을 방출시킬 수 있어야 한다.
 ㉰ 실 패킹 금속과의 적합성이 양호해야 한다.
 ㉱ 화학적 성질은 안정되어 있어야 하지만 물리적 성질과는 상관없다.

184. 작동유의 구비 조건 중 옳지 않은 것은 어느 것인가?
 ㉮ 인화점이 높을 것

해답 179. ㉯ 180. ㉯ 181. ㉯ 182. ㉱ 183. ㉱ 184. ㉰

㉯ 윤활성, 방청성이 우수할 것
㉰ 소포성(消泡性)이 적을 것
㉱ 화학적으로 안정되어 있을 것

185. 유압유의 성질을 나타낸 것이다. 틀린 것은?
㉮ 강한 유막을 형성할 것
㉯ 비중이 적당할 것
㉰ 인화점과 발화점이 낮을 것
㉱ 점성과 온도와의 관계가 양호할 것

185. 인화점, 발화점, 착화점의 온도가 높아야 한다.

186. 윤활유에 첨가하는 산화방지제는?
㉮ 유기산에스테르   ㉯ 설포네이트
㉰ 페놀화합물   ㉱ 알코올

187. 온도 변화에 대한 점도 변화의 비율을 수치로 나타내는 것은?
㉮ 점도지수   ㉯ 점도효율
㉰ 중화수   ㉱ 점도변화율

187. 온도 변화에 대한 점도 변화의 비율을 점도지수라고 하며 점도지수가 높을수록 온도의 변화에 따른 점도의 변화가 적은 것이다.

188. 윤활유 분류법에 속하지 않는 것은?
㉮ SAE 분류   ㉯ API 분류
㉰ SAE 신분류   ㉱ ASTM 분류

189. 다음 중 유압유의 점도가 낮을 때 유압장치에 미치는 영향 중에서 틀린 것은?
㉮ 내부 및 외부의 기름 누출증대
㉯ 마모의 증대와 압력유지 곤란
㉰ 펌프의 용적효율저하
㉱ 기계효율 저하(동력손실증가)

190. 작동유의 종류가 아닌 것은?
㉮ 항공기용 작동유   ㉯ 합성 작동유
㉰ 함수형 작동유   ㉱ 구리스류 작동유

190. 작동유에는 석유계 작동유와 난연성 작동유가 있으며 석유계 작동유에는 일반 산업용과 항공기용이 있으며 난연성 작동유에는 합성 작동유와 함수계 작동유가 있다.

191. 유압작동유의 필요 특성이 아닌 것은?
㉮ 인화점이 낮고, 증기분리압이 클 것

185. ㉰ 186. ㉰ 187. ㉮ 188. ㉱ 189. ㉱ 190. ㉱ 191. ㉮

㈏ 화학적으로 안정이 되어 중성일 것
㈐ 유동성이 좋고, 관로 저항이 적을 것
㈑ 유막강도가 클 것

192. 유압유의 성질 중 가장 중요한 것은?
　㈎ 온도　㈏ 점도　㈐ 습도　㈑ 열효율

193. 다음의 유압작동 유체에서 요구되는 성질이 아닌 것은?
　㈎ 증기압이 높을 것
　㈏ 비열과 열전달율이 클 것
　㈐ 체적탄성계수와 비등점이 높을 것
　㈑ 내화성이 클 것

193. 액상에서 압력이 증기압 이하시 공동현상이 일어나게 되는데 공동현상이 발생하지 않기 위해서는 증기압이 낮아야 한다.

194. 다음에서 윤활유의 온도가 올라가는 원인은 어느 것인가?
　㈎ 윤활유의 열화　㈏ 윤활유 압력상승
　㈐ 윤활유의 비중증가　㈑ 오일 냉각기의 오손

195. 유압기기 속에 혼입되는 불순물을 제거하기 위해 사용되는 것은?
　㈎ 패킹　㈏ 밸브　㈐ 축압기　㈑ 스트레이너

196. 유압유를 냉각하였을 때 파라핀 또는 그 밖의 고체가 석출 또는 분리되기 시작하는 온도는?
　㈎ 유동점　㈏ 응고점　㈐ 흐린점　㈑ 전환온도

196. 유압유의 온도가 저하될 때 고체가 석출되는 온도를 유동점이라 한다. 그러므로 유압유의 유동점은 낮아야 한다.

197. 다음 중 부동액으로 거리가 가장 먼 것은?
　㈎ 황산　㈏ 글리세린
　㈐ 메틸알코올　㈑ 에틸렌 글리콜

198. 그림은 어떤 종류의 제어 방식인가?
　㈎ 파일럿 방식
　㈏ 전자 방식
　㈐ 선택 작동 방식
　㈑ 순차 작동 방식

198. 누름식과 전자식 중 어떤 것을 작동시켜도 작동하는 선택 작동방식이다.

해답 192. ㈏　193. ㈎　194. ㈑　195. ㈑　196. ㈎　197. ㈎　198. ㈐

199. 어큐뮬레이터 회로와 관계가 먼 것은?
　㉮ 에너지 축적　　㉯ 사이클 시간단축
　㉰ 서지압 방지　　㉱ 자동 릴레이 작동

199. 어큐뮬레이터는 축압기로서 에너지 축적, 사이클 시간 단축, 서지압 방지, 맥동 감쇠, 회로압력 유지 등이 목적이다.

200. 어큐뮬레이터의 사용 목적이 아닌 것은?
　㉮ 에너지 보존　　㉯ 불순물 제거
　㉰ 서지흡수　　㉱ 맥동감쇠

201. 어큐뮬레이터의 설치 목적으로 틀린 것은?
　㉮ 사이클 시간의 연장
　㉯ 펌프의 동력절약
　㉰ 펌프의 파동흡수
　㉱ 펌프 정지시의 회로압력 유지

202. 축압기의 용도가 아닌 것은?
　㉮ 유압에너지 축적　　㉯ 진동, 소음방지
　㉰ 유량 변화 보상　　㉱ 유압유의 마찰열 회수

203. 다음의 제어방식 기호 중에서 전자방식 복수 코일 형식은 어느 것인가?
　㉮ 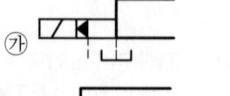　　㉯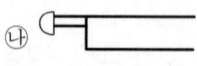
　㉰ 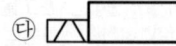　　㉱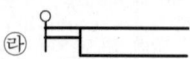

204. 유체의 유압원을 나타내는 기호는?
　㉮ Ⓜ　㉯ ▼　㉰ ⊙　㉱ ⊙—

205. 오일 탱크의 용량은 매분 펌프로 토출량의 몇 배 정도가 적당한가?
　㉮ 2배 이하　　㉯ 3~6배
　㉰ 6~10배　　㉱ 10~15배

206. 다음 중 유압회로의 구성부품이 아닌 것은?
　㉮ 유압펌프　　㉯ 유압제어 밸브
　㉰ 배관 및 부속품　　㉱ 축류펌프

206. 축류펌프는 비용적식 펌프이다.

207. 어큐뮬레이터(accumulator)의 장점을 설명한 것으로 맞지 않는 것은?
　㉮ 기름의 누출시 보충을 해준다.
　㉯ 갑작스런 충격압력을 막아 주는 역할을 한다.
　㉰ 펌프의 대용으로도 사용되며 안전장치 역할도 한다.
　㉱ 축척된 압력에너지의 방출 사이클 시간을 연장한다.

208. 축압기의 봉압가스 압력이 $30\,[\text{kg/cm}^2]$이고, 작동 압력이 $70\sim40\,[\text{kg/cm}^2]$사이일 때 방출유량이 $3\,[l]$이면 축압기의 용량은?
　㉮ 8.3 [l]　㉯ 9.3 [l]　㉰ 10.5 [l]　㉱ 11.5 [l]

209. 다음 유압기호 중 냉각기에 해당되는 것은 어느 것인가?
　㉮ 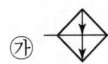　㉯ 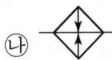　㉰ 　㉱

210. 다음 중 유압 엑추에이터에 속하지 않는 것은?
　㉮ 유압실린더　㉯ 유압펌프
　㉰ 유압모터　㉱ 요동모터

211. 다음 유압표시 기호는 무엇을 뜻하는 것인가?
　㉮ 체크 밸브　㉯ 전동기
　㉰ 어큐뮬레이터　㉱ 정용량형 유압펌프

212. 공기 압축기에서 나오는 압축공기는 무엇에 사용되는가?
　㉮ 혼작동 및 플런저 흡입능력을 규정값 이상 상승시키는 데 사용된다.
　㉯ 유압 오일 탱크 내의 오일압력을 증대시키는데 사용된다.
　㉰ 유압 모터를 작동시키는데 사용된다.
　㉱ 혼의 작동을 규정값 이상으로 올리는데 쓰인다.

213. 축압기에 대한 설명 중 틀린 것은?
　㉮ 간헐적인 운동작업에 대해 지축한 에너지를 방출한다.

208. $V_1 = \dfrac{P_2 P_3}{P_1(P_3 - P_2)} Q_w$
　P_2 : 최저작동압력, P_3 : 최고작동압력, P_1 : 봉입가스압력, Q_w : 방출유량
　$V_1 = \dfrac{760 \times 40}{30(70-40)} \times 3 = 9.3$

209. ㉮ 온도조절기
　㉯ 가열기
　㉰ 냉각기
　㉱ 드레인 배출기

210. 엑추에이터(구동기기)에는 실린더, 모터, 요동 엑추에이터가 있고 유압펌프는 압력 발생용 기기이다.

213. 축압기는 맥동을 제거한다

㈏ 완충 작용을 한다.
㈐ 누설 유량을 보충하는 역할을 한다.
㈑ 펌프의 맥동을 크게 도와준다.

214. 축압기의 용도가 아닌 것은?
㈎ 유압 에너지의 축척 ㈏ 맥동제거
㈐ 유속의 증가 ㈑ 2차 회로의 구동

215. 축압기(accumulator)의 가장 큰 사용 목적은?
㈎ 유압유의 축적, 유압회로에서의 맥동, 서지(surge) 압력의 흡수
㈏ 유압유를 저장하여 유압펌프에 계속 공급한다.
㈐ 작동 후의 폐유를 재생시키는 장치
㈑ 위의 ㈎, ㈏, ㈐를 모두 겸하는 목적에 있다.

216. 유동하고 있는 액체의 압력이 국부적으로 저하되어, 포화증기압 또는 공기분리압에 달하여 증기를 발생시키거나 용해공기 등이 분리되어 기포를 일으키는 현상은?
㈎ 캐비테이션 현상 ㈏ 서징 현상
㈐ 채터링 현상 ㈑ 역류 현상

217. 다음 중 오일 속에 용해공기가 기포로 되어있는 상태를 무슨 현상이라 하는가?
㈎ 인화 현상 ㈏ 노킹 현상
㈐ 조기착화 현상 ㈑ 공동 현상

218. 하나의 펌프로 둘 이상의 실린더를 작동시킬 수 있는 것은?
㈎ 센터 바이패스형 ㈏ 오픈 센터형
㈐ 클로즈 센터형 ㈑ 교축 달림 오픈 센터형

218. 중립위치에서 흐름의 형
오픈 센터 : 펌프를 무부하로 하고 실린더를 자유롭게 움직인다.
클로즈 센터 : 1개의 펌프로 여러 개의 실린더 작동 흐름을 급하게 하면 서어지압 발생

219. 다음 중 패킹의 종류에 해당되지 않는 것은 어느 것인가?
㈎ V형 패킹 ㈏ C형 패킹
㈐ U형 패킹 ㈑ J형 패킹

답
214. ㈐ 215. ㈎ 216. ㈎ 217. ㈑ 218. ㈐ 219. ㈏

220. 필터(filter) 선정시 주의사항이 아닌 것은?
㉮ 여과재의 종류 ㉯ 여과입도
㉰ 필터의 내압 ㉱ 유체의 속도

221. 토크 변환기에서 스테이너의 작용을 나타낸 것은?
㉮ 출력측의 회전력을 크게 한다.
㉯ 출력측의 회전 속도가 입력측의 회전 속도보다 빠르게 된다.
㉰ 저속 및 중속에서 토크가 작고 고속에서는 토크가 크게 된다.
㉱ 오일의 흐름 방향을 일정하게 한다.

222. 기름보충 회로의 설치 목적은 무엇을 하기 위해서인가?
㉮ 유압모터가 공전시 블로우 바이를 막기 위해
㉯ 유압모터가 공전시 공기침입을 막기 위해
㉰ 유압모터가 공전시 부압을 만들기 위해
㉱ 유압모터가 공전시 배압을 높이기 위해

223. 다음 중에서 옳은 것은?
㉮ 유체의 속도가 빠르면 압력이 작아진다.
㉯ 유체의 속도가 압력에 비례한다.
㉰ 유체의 압력과 유체의 속도는 반비례한다.
㉱ 유체의 속도는 압력과 관계가 없다.

224. 실린더의 부하 변동에 관계없이 임의의 위치에 고정시킬 수 있는 회로의 명칭은?
㉮ 부스터 회로 ㉯ 언로드 회로
㉰ 로킹 회로 ㉱ 시퀀스 회로

225. 치형에는 인벌루트 치형과 특수치형이 있다. 이 중 특수치형의 종류가 아닌 것은?
㉮ 산드 클모이드 ㉯ 징현곡선
㉰ 트로코이드 ㉱ 사이클 로이드

220. 액체에서 고형물을 여과작용에 의해 제거하는 기기를 필터라 하며 유체의 속도와는 관계가 적다.

222. 자중낙하에 의하여 급속하게 강하하는 경우에 사용하며 속도를 일정하게 하기 위해 프레필 밸브를 사용한다.

223. 베르누이 방정식에 의해 속도가 빠르면 압력이 작아진다.

답
220. ㉱ 221. ㉮ 222. ㉯ 223. ㉮ 224. ㉰ 225. ㉮

226. 유압이 비정상으로 올라가는 이유는?
   ㉮ 유압 조절 밸브가 달라붙었다.
   ㉯ 오일 파이프가 파괴되었다.
   ㉰ 오일 미터가 고장났다.
   ㉱ 오일이 묽어졌다.

227. 필터의 여과입도가 너무 높을 경우 일어나는 현상은?
   ㉮ 맥동현상이 생긴다.   ㉯ 공동현상이 생긴다.
   ㉰ 페이퍼록이 생긴다.   ㉱ 블로우바이 현상이 생긴다.

227. 여과입도가 너무 높으면 압력이 상승하며 통과유체의 속도가 증가되어 공동현상이 발생한다.

228. 오일의 산화에 영향을 주지 못하는 것은?
   ㉮ 기름의 조성   ㉯ 산소의 존재
   ㉰ 체적의 크기   ㉱ 온도 및 압력

229. 유압회로에서 유압유의 점도가 너무 클 때 일어나는 현상이 아닌 것은?
   ㉮ 유압이 증가한다.
   ㉯ 열발생의 원인이 된다.
   ㉰ 관내의 마찰손실이 커진다.
   ㉱ 운동이 활발해진다.

229. 점도가 높을 경우 내부마찰에 의해 온도상승 관내유동저항에 의한 압력증가, 기계효율 저하

230. 패킹의 종류 중 가장 많이 사용하는 것은?
   ㉮ 피스톤 링   ㉯ O형 링
   ㉰ U형 패킹   ㉱ V형 패킹

231. 기름 속에 혼입한 불순물을 제거하기 위해 사용하는 것은?
   ㉮ 어큐뮬레이터   ㉯ 패킹
   ㉰ 밸브   ㉱ 스트레이너

232. 오일 여과기에서 압력관로에 설치하는 필터는?
   ㉮ 라인 필터   ㉯ 기름 필터
   ㉰ 탱크 필터   ㉱ 연료 필터

232. 관에 설치하는 필터를 라인필터라고 한다.

해답
226. ㉮ 227. ㉯ 228. ㉰ 229. ㉱ 230. ㉯ 231. ㉱ 232. ㉮

233. 기름 실의 장점이 아닌 것은?
㉮ 염가이다.   ㉯ 설치면적이 적다.
㉰ 구조가 간단하다.   ㉱ 큰 압력에 견딘다.

234. 패킹 마모의 원인이 아닌 것은?
㉮ 유질의 점도가 일정할 때
㉯ 패킹 재질이 불량할 때
㉰ 사용압력(피크압 포함) 변화
㉱ 유온이 불규칙적으로 변할 때

235. 다음 이음쇠 중 탈착이 용이한 것은?
㉮ 유니언 이음쇠   ㉯ 플레어형 이음쇠
㉰ 셀프 실 이음쇠   ㉱ 물림형 이음쇠

236. 호이스트형 유압 호스 연결부에 사용하는 조인트는?
㉮ 유니언 조인트   ㉯ 니플 조인트
㉰ 소켓 조인트   ㉱ 엘보 조인트

237. 다음 그림은 전기, 유압식 서보 기구의 블록선도(Block Diagram)이다. 빈 칸의 요소(Element)는 무엇인가?

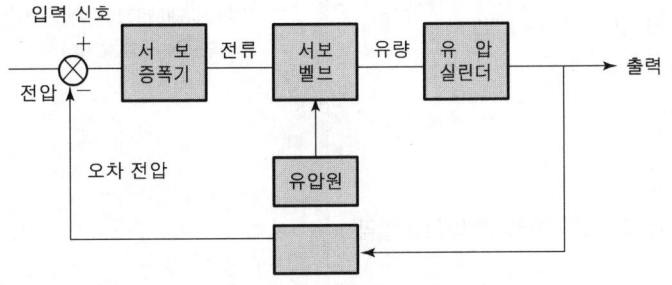

㉮ 위치 검출기   ㉯ 전압 조정기
㉰ 유압 조절기   ㉱ 제어대상

238. 서지 압력은 어느 때 생기는가?
㉮ 변환밸브의 조작이나 부하가 정상일 때

해답 233. ㉱ 234. ㉮ 235. ㉰ 236. ㉮ 237. ㉯ 238. ㉯

㉯ 변환밸브의 조작이나 부하가 변동이 있을 때
㉰ 변환밸브의 조작이 정상일 때
㉱ 변환밸브의 조작이 정상인데 부하가 변동이 있을 때

239. 기어 펌프의 폐쇄작용 발생시 일어나는 현상은?
㉮ 기어 진동의 소멸   ㉯ 축동력 감소
㉰ 오일의 토출   ㉱ 기포 발생

239. 폐쇄작용(폐입작용)시 캐비테이션(공동현상)이 발생, 기포가 생긴다.

240. 예압(prepressure) 탱크의 장점은?
㉮ 언로드를 방지한다.   ㉯ 언록을 방지한다.
㉰ 페이퍼록을 방지한다. ㉱ 공동현상을 방지한다.

241. 공동현상이 생겼을 때 유압유의 상태는 무슨 상태로 되는가?
㉮ 과랭상태   ㉯ 표준상태
㉰ 과포화상태 ㉱ 포화상태

241. 공동현상은 액상에서 기상이 생기는 현상으로서 과포화상태이다.

242. 유압 배관로에서는 물, 공기와는 달리 어느 것이 많이 생기는가?
㉮ 부유 ㉯ 혼성유 ㉰ 층류 ㉱ 난류

242. 유압배관은 밀폐되어 있으므로 층류로 해석한다.

243. 다음은 미터 아웃 회로의 설치목적이다. 옳지 않은 것은?
㉮ 피스톤의 속도를 일정하게 한다.
㉯ 실린더의 용량을 변화시킨다.
㉰ 실린더의 배압이 용이하다.
㉱ 피스톤의 폭주를 제거한다.

243. 미터아웃회로는 급격한 부하 변동에 대해 정속 제어 가능한 속도제어 회로이다.

244. 유압회로 내에서 공동현상이 생길 때의 처리 방법으로 알맞은 것은?
㉮ 유압을 높인다.   ㉯ 오일의 온도를 높인다.
㉰ 압력변화를 없앤다. ㉱ 과포화상태로 만든다.

245. 브레이크 회로의 종류가 아닌 것은?
㉮ 릴리프 밸브를 사용한 회로
㉯ 시퀀스 밸브를 사용한 회로

해답
239. ㉱ 240. ㉱ 241. ㉰ 242. ㉰ 243. ㉯ 244. ㉮ 245. ㉮

㉰ 프레필 밸브를 사용한 회로
㉱ 링게이지 밸브를 사용한 회로

246. 유압 회로도의 기본적인 것은 몇 개인가?
㉮ 2개 ㉯ 3개 ㉰ 4개 ㉱ 5개

247. 유압 회로도에서 가장 많이 사용하는 회로도는?
㉮ 조합 회로도 ㉯ 기호 회로도
㉰ 그림 회로도 ㉱ 단면 회로도

248. 유압 밸브를 사용하는 피스톤 감속회로의 연결은?
㉮ 직병렬 연결 ㉯ 직렬 연결
㉰ 관통 연결 ㉱ 병렬 연결

249. 재질적으로 가스킷의 종류에 들지 않는 것은?
㉮ 금속 가스킷 ㉯ 세미메탈릭 가스킷
㉰ 비금속 가스킷 ㉱ 알루미늄 가스킷

250. 유압회로 내의 유압이 규정보다 높을 때 작동하는 밸브는?
㉮ 리턴 밸브 ㉯ 릴레이 밸브
㉰ 리듀싱 밸브 ㉱ 릴리프 밸브

251. 유압 브레이크 회로에서 유압 모터를 정지시키고자 오일의 공급을 중지했을 경우 모터의 작용은?
㉮ 바로 정지한다.
㉯ 잠시동안 공전한다.
㉰ 서서히 감속하여 오랫동안 돈다.
㉱ 급정지했다가 관성에 의해 다시 돈다.

252. 다음은 서지 압력(壓力)에 관한 설명이다. 맞지 않은 것은?
㉮ 유량 제어 밸브의 가변 오리프스를 급격히 폐쇄하면 발생한다.
㉯ 고속 실린더를 급정지시키면 회로 중 순간적으로 발생한다.

246. 유압 회로도에는 그림 회로도, 기호 회로도와, 조합 회로도가 있으며 기호 회로도를 가장 많이 사용한다.

248. 고속으로 동작하는 유압 실린더를 양단에서 저속으로 감속하여 원활하게 정지시킬 때의 회로가 감속회로이며 병렬로 연결한다.

249. 정지부분의 밀봉에 사용하는 실을 가스킷이라 한다.

251. 유압의 공급을 막아도 유압모터의 부하의 관성력에 의해 공전이 계속된다. 이 공전을 억제하여 신속히 정지시키는 회로가 브레이크 회로이다.

답
246. ㉯ 247. ㉯ 248. ㉱ 249. ㉱ 250. ㉱ 251. ㉯ 252. ㉰

㉰ 유압유 속에 공기 혼합의 정도가 많아지면 관로 앞뒤에 큰 압력 변화가 발생, 기포를 형성한다.

㉱ 서지 압력의 크기는 유량, 관로의 길이, 기름의 압축성 등에 의하여 변화한다.

253. 4포트 3위치 변환밸브의 종류와 관계없는 것은?
㉮ 클로즈드 센터형　㉯ 오픈 센터형
㉰ 교축달린 오픈 센터형　㉱ 비드 센터형

253. 4포트 3위치의 변환밸브는 중앙위치에서의 흐름을 형으로 구분하면 클로우즈드 센터, 오픈 센터, 탠덤 센터, P포트 블록, R포트 블록, BR 접속이 있다.

254. 유체의 기능이나 유동방향을 바로 알 수 있는 회로는?
㉮ 조합 회로　㉯ 기호 회로
㉰ 단면 회로　㉱ 그림 회로

255. 유압기기에 사용하는 호스 중 내구성이 강한 것으로 가장 많이 사용하는 것은?
㉮ 플렉시블 호스　㉯ P.V.C 호스
㉰ 비닐 호스　㉱ 동파이프 호스

256. 유압기에서 포트(port) 수를 가장 옳게 설명한 것은 다음 중 어느 것인가?
㉮ 과로와 접촉하는 유량밸브 접촉구의 개수
㉯ 과로와 접촉하는 전환밸브 접촉구의 개수
㉰ 과로와 접촉하는 교축밸브 접촉구의 개수
㉱ 과로와 접촉하는 체크밸브 접촉구의 개수

257. U 패킹의 재질은?
㉮ 니트릴 고무　㉯ 부트 고무
㉰ 닐 고무　㉱ 랩 고무

257. 패킹 및 가스킷의 재료는 니트릴 고무, 우레탄 고무, 불소고무 등을 사용

258. 다음 그림은 어떤 유압 회로의 기호를 나타낸 것인가?
㉮ 파일럿 조작 체크 밸브
㉯ 셔틀 밸브
㉰ 급속 배기 밸브
㉱ 고정조리개 붙이 체크 밸브

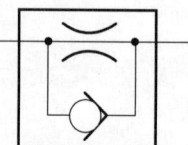

답 253. ㉱　254. ㉰　255. ㉮　256. ㉯　257. ㉮　258. ㉱

259. 교육용으로 가장 많이 사용하는 회로도는?
  ㉮ 조합 회로도   ㉯ 그림 회로도
  ㉰ 기호 회로도   ㉱ 단면 회로도

260. 그림과 단면기호로 서로 짝을 지워 만든 회로는?
  ㉮ 기호 회로   ㉯ 단면 회로
  ㉰ 그림 회로   ㉱ 조합 회로

261. 유압회로에서 발생하는 사고현황이 아닌 것은?
  ㉮ 유압동력원의 결손   ㉯ 이상부하 발생
  ㉰ 회로장치의 이상류   ㉱ 회로내의 무부하 운동

262. 유압회로의 기호 규약이 될 수 없는 것은?
  ㉮ 기호는 흐름의 유온과 그 접속, 구조부품의 기능, 조작의 방법을 표시한다.
  ㉯ 기호에서는 밸브의 포트나 스풀의 구조, 위치도를 표시하여야 한다.
  ㉰ 기호는 기름 탱크와 그 접속 및 벤트에의 배관을 제외하고 회전하거나 뒤집어도 된다.
  ㉱ 기호는 액압과 공기압과의 회로도에 사용하는 도시기호를 정한 것이며 유체에 의한 동력의 전달과 제어를 포함한 회로를 표시한다.

263. 유압회로에서 압력손실을 구하는데 착안사항에 들지 않는 것은?
  ㉮ 사용하는 관경   ㉯ 사용하는 유온
  ㉰ 사용하는 고무재질   ㉱ 사용하는 유압유

264. 실린더와 병렬로 유량조절 밸브를 장치하고 유입하는 기름을 제어하는 회로는?
  ㉮ 미터인 회로   ㉯ 미터 아웃 회로
  ㉰ 블리드 오프 회로   ㉱ 전자 회로

---

259. 단면 회로도는 기기나 관로의 단면도를 나타내어 기기의 작동을 설명하기 편하며 기호 회로도는 KS에 의한 유공압도를 사용 기능과 조작 방법을 명료하게 설명한다.

262. 기호는 기기의 기능 조작방법 및 외부접속구를 나타내며 포트는 관로와 기호요소의 접점으로 표시하며 기기의 구조를 표시하거나 그 실제의 위치를 표시하는 것은 아니다.

264. 미터인 회로 : 실린더 입구 직렬연결
미터아웃 회로 : 실린더 출구 병렬연결

답 259. ㉱   260. ㉱   261. ㉱   262. ㉯   263. ㉰   264. ㉰

265. 공전시 연료유량을 조정하기 위한 장치로 공전 노즐의 단면적을 가감할 수 있는 것은?
㉮ 공전조정 나사 ㉯ 내연기관
㉰ 공전포트 ㉱ 공전스로틀 밸브

266. 블리드 오프의 회로 연결은?
㉮ 혼성회로 ㉯ 직렬
㉰ 직병렬 ㉱ 병렬

267. 스피드 드롭에 대한 설명 중 옳은 것은?
㉮ 스피드 드롭을 가지게 되면 부하가 변화해 기관의 속도는 변화지 않는다.
㉯ 스피드 드롭을 가지게 되면 부하의 변화에 따라 기관의 속도로 변화한다.
㉰ 유압조속기는 원리상 스피드 드롭을 가질 수 없다.
㉱ 기계식 조속기는 원리상 스피드 드롭을 가질 수 없다.

268. 유압기기의 늘어붙음, 마모, 부식 등의 현상을 일으키는 원인이 아닌 것은?
㉮ 점도가 불량한 작동유 사용
㉯ 불순물이 혼입된 작동유 사용
㉰ 투명하거나 색이 엷은 작동유 사용
㉱ 산화에 의해서 열화된 작동유 사용

269. 다음 그림은 무슨 제어 방식인가?
㉮ 파일럿 방식 ㉯ 기계방식
㉰ 인력방식 ㉱ 전자방식
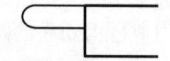

269. 기계조작의 플런저이다.

270. 패킹 재질의 구비조건에 들지 않는 것은?
㉮ 마찰계수가 클 것
㉯ 체결력이 클 것
㉰ 오일 누설을 방지할 수 있을 것
㉱ 운동체의 마모를 적게 할 것

270. 패킹에 마찰 계수가 크면 마모가 생겨 누설의 원인이 된다.

265. ㉱ 266. ㉱ 267. ㉯ 268. ㉰ 269. ㉯ 270. ㉮

271. 유압회로에서 발생하는 사고를 예방하기 위해 설치된 회로는?
㉮ 집중제어회로   ㉯ 동기운동회로
㉰ 원격제어회로   ㉱ 보안회로

272. 다음 기호 중 관로의 교차를 표시하는 것은?

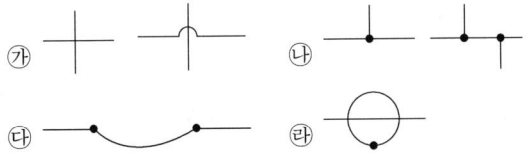

273. 호스를 사용하는 목적 중 가장 적당하지 않는 것은 어떤 것인가?
㉮ 두 금속관의 중심선이 일치하지 않을 때 관의 연결에 사용
㉯ 사용압력이 저압일 때만 사용
㉰ 이동하는 배관과 고정배관의 연결에 사용
㉱ 진동을 흡수하여 격리하고자 할 경우에 사용

274. 유압 호스(hose)에 대한 설명 중 틀린 것은 어느 것인가?
㉮ 결합부의 상대 위치가 변하는 경우에 쓰인다.
㉯ 고압용으로는 $50 \sim 100 \, [\text{kg/cm}^2]$이 사용된다.
㉰ 유압회로에 발생하는 서지압을 흡수하기 위해 사용된다.
㉱ 진동 흡수의 목적으로 사용된다.

275. 건설 기계에서 주로 쓰이는 유압 실린더는?
㉮ 단동 실린더   ㉯ 복동 실린더
㉰ 스윙 실린더   ㉱ 스프링 실린더

276. 다음 그림은 A, B 두 실린더가 순차적으로 작동이 행하여지는 회로이다. 무슨 회로인가?

해답 271. ㉱ 272. ㉮ 273. ㉯ 274. ㉯ 275. ㉯ 276. ㉮

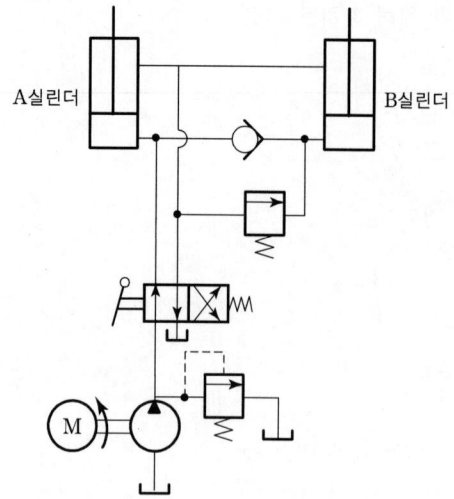

㉮ 시퀀스 회로 ㉯ 언로더 회로
㉰ 카운터 밸런스 회로 ㉱ 디컴프랙션 회로

277. 유압 작동유에 공기가 많이 혼입되면 다음과 같은 결과가 초래된다. 틀린 것은?
  ㉮ 압축성이 증대되어 유압기기의 작동이 불규칙하게 된다.
  ㉯ 유압펌프의 캐비테이션 발생원인이 된다.
  ㉰ 윤활 작용이 저하된다.
  ㉱ 산화촉진을 막아준다.

278. 실린더의 전진운동속도와 후진운동속도를 동일하게 하는 방법을 설명한 것 중 틀린 것은?
  ㉮ 4개의 체크밸브와 1개의 압력보상형 유량조절밸브를 사용하는 렉티파이어(ractifier) 회로 이용
  ㉯ 압력 릴리프 밸브를 사용하는 카운터 밸런스 밸브와 유량조절 밸브를 사용하여 속도 조정
  ㉰ 차동 실린더와 방향제어 밸브를 사용하는 재생회로 이용

해답 277. ㉰ 278. ㉱

㉓ 피스톤 양축의 수압면적이 같은 양 로드형 실린더와 방향제어 밸브 사용

279. 유압유의 물리적 성질 중에서 동계운전시에 가장 고려해야 할 성질은?
㉮ 압축성　　㉯ 유동점
㉰ 인화점　　㉱ 비중과 밀도

280. 작동유의 안정성에 대하여 가장 중요한 영향을 갖는 것은?
㉮ 온도　　㉯ 금속의 촉매 작용
㉰ 압력　　㉱ 외부로부터의 이물질

280. 작동유의 가장 중요한 점은 점성이며 점성에 가장 중요한 인자는 온도이다.

281. 다음 기호는 무슨 밸브인가?
㉮ 저압 우선형 셔틀 밸브
㉯ 급속 배기 밸브
㉰ 파일럿 조작 체크 밸브
㉱ 서보 밸브

281. 실선은 주관로나 공급관로 및 전기신호에 사용하며, 파선은 파일럿 조작 관로나 드레인 관로, 필터에 1점쇄선은 포위선이다.

282. 유압 공기압 도면기호 요소 중 1점 쇄선의 용도는?
㉮ 전자 신호선　　㉯ 포위선
㉰ 전기 신호선　　㉱ 밸브의 과도 위치

283. 절삭과 급속 귀환 공정을 하는 공작 기계에서 절삭시 사용할 고압 펌프와 귀환시 사용할 저압 대용량 펌프를 병행해서 사용할 때 동력을 최대로 절감하려면 어떤 밸브를 사용하는 것이 좋은가?
㉮ 감압 밸브(reducing valve)
㉯ 시퀀스 밸브(sequence valve)
㉰ 무부하 밸브(unloading valve)
㉱ 릴리프 밸브(relif valve)

284. 압력축과 출력축이 토크를 변하시키기 위하여 펌프 회전차와 터빈 회전차 중간에 스테이터를 설치한 유체 전동기구는?

279. ㉯　280. ㉮　281. ㉯　282. ㉯　283. ㉰　284. ㉰

㉮ 유체 커플링　　㉯ 축압기
㉰ 토크 컨버터　　㉱ 방향 전환밸브

285. 다음은 유압회로의 기호규약이다. 틀린 것은?
　㉮ 기호는 흐름의 유로와 그 접속부품의 기능 조작방법을 표시한다.
　㉯ 기호는 액압과 공기압과의 회로도에 사용되는 도시 기호를 정한 것이며, 동력의 전달과 제어를 포함한 회로를 표시하여야 한다.
　㉰ 기호에서는 밸브의 포트나 스풀의 구조위치를 표시하여야 한다.
　㉱ 기호를 기름 탱크와 그 접속 및 밴트의 배관을 제외하고 회전하거나 뒤집어도 된다.

285. 기호회로에는 밸브나 스풀의 구조위치는 표시하지 않는다.

286. 가스킷(gasket)의 용어 설명으로 알맞은 것은?
　㉮ 고정 부분에 사용되는 실(seal)
　㉯ 운동 부분에 사용되는 실(seal)
　㉰ 대기로 개방되어 있는 구멍
　㉱ 흐름의 단면적을 감소시켜 관로내 저항을 갖게 하는 기구

286. 고정부분에 사용되는 실은 가스킷이며 운동부분에 사용되는 실은 패킹이다.

287. 다음 유압 회로는 펌프 출구 직후에 릴리프 밸브를 설치하여 최대 압력을 제한하려는 것이다. 이에 맞는 회로의 명칭은?
　㉮ 카운터 밸런스 회로
　㉯ 조압회로
　㉰ 시퀀스 회로
　㉱ 감압회로

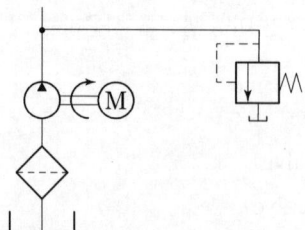

288. 펌프의 무부하 운전에 대한 장점이 아닌 것은?
　㉮ 구동동력 경감　　㉯ 유압유의 점도저하 방지
　㉰ 작업시간 단축　　㉱ 고장방지 및 수명연장

288. 무부하 운전의 장점
동력절감, 열화방지

답 285. ㉰　286. ㉮　287. ㉯　288. ㉰

289. 유압시스템이 갖고 있는 장점을 기술한 것 중 틀린 것은?
　㉮ 무단변속이 가능하다.
　㉯ 먼 거리까지 쉽게 에너지를 전달할 수 있다.
　㉰ 에너지의 저장성이 좋다.
　㉱ 작업요소의 운동속도가 빠르다.

290. 서보 밸브(servo valve)는 어떤 작용을 하는가?
　㉮ 작동유의 유량을 조절하여 전기적 신호로 변환시키는 밸브이다.
　㉯ 유압을 전기적 신호로 만드는 밸브이다.
　㉰ 미약한 전기압력 신호를 유압으로 변환시키는 밸브이다.
　㉱ 작동유의 유속을 조절하여 전기적 신호로 변환시키는 밸브이다.

290. 서보 밸브는 미세한 전기신호를 유압 및 기계적으로 제어하는 고속의 추종성을 갖는 밸브이다.

291. 작동유의 산성을 나타내는 척도로 보통 사용하는 것은?
　㉮ 탄화수소(산의 양)　　㉯ 소포성
　㉰ 중화수(알칼리 양)　　㉱ 산화 안정성

291. 작동유의 산성은 탄화수소의 양으로 나타낸다.

292. 다음 그림은 어떤 접속구인가?
　㉮ 배기구　　㉯ 공기구멍
　㉰ 회전이음　　㉱ 급속이음

293. 유압 펌프를 운전하는 데 적당한 온도 범위는 다음 중 어느 것이 최적인가?
　㉮ 30~50 [°C]　　㉯ 10~25 [°C]
　㉰ 70~80 [°C]　　㉱ 180~200 [°C]

293. 30~55 [°C]가 가장 적당하며 70 [°C]이상은 사용에 비적합하다.

294. 다음 필터 중 유압유 중에 용입되어 있는 고무질, 아교질 등의 산화 주성분을 주로 여과하는 것은?
　㉮ 표면식 필터　　㉯ 적층식 필터
　㉰ 다공체식 필터　　㉱ 흡착식 필터

295. 유압회로에 대한 소음을 줄이기 위하여 주의하여야 할 사항에 속하지 않는 것은?

295. 댐퍼(damper)는 완충역할을 한다.

해답 289. ㉯　290. ㉰　291. ㉮　292. ㉯　293. ㉮　294. ㉱　295. ㉰

㉮ 공동현상을 방지할 것
㉯ 긴 관로의 변환밸브는 천천히 작동시킬 것
㉰ 기름댐퍼를 사용하지 말 것
㉱ 펌프의 흡입압력에 제한을 둘 것

296. 회로내의 압력이 규정 압력에 도달하면 펌프의 전 유량을 직접 탱크로 되돌려 보냄으로써 펌프를 무부하로 하여 동력을 절약할 수 있는 자동제어 밸브의 명칭은?
㉮ 니들 밸브(needle valve)
㉯ 교축 밸브(restricting valve)
㉰ 체크 밸브(check valve)
㉱ 언로딩 밸브(unloading valve)

297. 다음 그림은 어떤 유압기호인가?

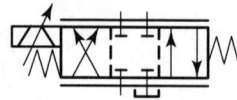

㉮ 서보 밸브   ㉯ 교축전환 밸브
㉰ 파일럿 밸브   ㉱ 셔틀 밸브

298. 다음 중 필요에 따라 유체의 일부 또는 전량을 분기시키는 관로는?
㉮ 바이패스관로   ㉯ 드레인관로
㉰ 통기관로   ㉱ 주관로

299. 다음 중 작동유의 방청제(anticovrosiv)로서 가장 적당한 것은?
㉮ 이온 화합물   ㉯ 인산 화합물
㉰ 유기산 에스텔 ㉱ 실리콘 유

300. 엷은 여과면을 다수 겹쳐 쌓아서 사용하는 필터는?
㉮ 표면식 필터   ㉯ 다공체식 필터
㉰ 적층식 필터   ㉱ 흡착식 필터

296. 언로드 밸브를 무부하 밸브라고 한다.

297. 관로의 종류
① 주관로 : 흡입관로, 압력관로 및 배기관로를 포함하는 주가 되는 관로
② 파일럿 관로 : 파일럿 방식에서 작동시키기 위한 작동유를 유도하는 관로
③ 플렉시블 관로 : 고무 호스와 같이 유연성이 있는 관로
④ 바이패스 관로 : 필요에 따라서 작동유체의 전량 또는 그 일부를 갈라져 나가게 하는 통로 또는 관로

299. ① 산화방지제 : 이온인산, 아인페놀화합물
② 방청제 : 유기산 에스텔

300. 필터의 종류
① 표면식 필터 : 다공질의 종이나 직물을 고온에서 성형, 주로 바이패스 회로에 사용
② 적층식 필터 : 엷은 여과면을 다수 겹쳐서 사용(철망, 종이, 금속 등의 원판), 주로 고압용에 사용
③ 다공체식 필터 : 스테인리스, 청동 등의 미립자를 다공질로 소결
④ 흡착식 필터 : 황성백토, 알루미나를 흡착제로 사용
⑤ 자기식 필터 : 영구자석을 이용, 철분, 자성체 불순물을 여과

296. ㉱ 297. ㉰ 298. ㉮ 299. ㉰ 300. ㉰

301. 다음 중 서보 밸브의 구성요소로서 가장 적합한 것은?
㉮ 유압중압부, 안내밸브, 스트레이너, 탱크
㉯ 토크모터, 유압중압부, 안내밸브, 변환밸브
㉰ 토크모터, 유압중압부, 피스톤, 안내밸브
㉱ 토크모터, 유압중압부, 릴리프밸브, 피스톤

301. 서보 밸브의 구성요소는 토크모터, 유압 증압부, 안내 밸브, 변환 밸브가 있다.

302. 다음 중 유체 토크 컨버터의 구성요소와 거리가 가장 먼 것은?
㉮ 릴리프 밸브   ㉯ 스테이터
㉰ 펌프 회전차   ㉱ 터빈 회전차

303. 축압기의 용량이 5[l], 기체의 봉입압력이 250[kPa]일 때, 작동유압이 $P_1 = 700$[kPa]로부터 $P_2 = 400$[kPa]까지 변화할 때 방출 유량은 몇 [l]인가?
㉮ 약 1.01[l]   ㉯ 약 1.34[l]
㉰ 약 1.48[l]   ㉱ 약 1.73[l]

303. $\Delta V = P_D V_D \left(\dfrac{1}{P_2} - \dfrac{1}{P_1} \right)$
$= 250 \times 5 \times 3^{-3} \left(\dfrac{1}{400} - \dfrac{1}{700} \right)$
$= 1.34 \times 10^{-3} [\text{m}^3]$
$= 1.34 [l]$

304. 구조가 복잡하고 값이 비싸지만 누설이 작고 회전속도 범위가 넓으며 기동특성이 양호한 유압 모터는?
㉮ 기어 모터   ㉯ 베인 모터
㉰ 레이디얼 피스톤 모터   ㉱ 엑시얼 피스톤 모터

305. 다음 그림의 기호는 어떤 밸브를 나타내는 기호인가?
㉮ 시퀀스 밸브
㉯ 카운터 밸런스 밸브
㉰ 무부하 밸브
㉱ 일정 비율 감압 밸브

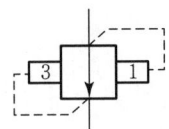

306. 다음 중 필요에 따라 유체의 일부 또는 전량을 분기시키는 관로는?
㉮ 바이패스 관로   ㉯ 드레인 관로
㉰ 통기관로   ㉱ 주관로

307. 다음 중 고속회전에 가장 알맞는 윤활유의 종류는?

해답 301. ㉯ 302. ㉮ 303. ㉯ 304. ㉰ 305. ㉱ 306. ㉮ 307. ㉰

㉮ 고점도의 윤활유
㉯ 고온도의 윤활유
㉰ 저점도의 윤활유
㉱ 저비중의 윤활유

307. 고속회전일수록 윤활유의 점도는 낮아야 한다.

308. 부하가 급격히 제거되었을 때 관성력 때문에 소정의 제어를 못할 경우 삽입되는 회로는?
㉮ 카운터 밸런스 회로
㉯ 시퀀스 회로
㉰ 언로드 회로
㉱ 감압 회로

308. 급속이음 중 체크밸브 있음과 체크밸브 없음으로서 접속상태이다.

309. 다음 그림은 접속구의 어떤 유압기호인가?
㉮ 비기구　　　㉯ 급속이음
㉰ 회전이음　　㉱ 공기구멍

309. 동계운전시에는 유압유의 온도가 너무 내려가면 유동점을 가장 고려해야 한다.

310. 그림은 피스톤이 어느 일정한 힘으로 장시간 부하를 걸고 있는 동안 펌프를 무부하로 운전시키기 위하여 구성한 무부하 회로이다. A의 위치에 어느 종류의 전환 밸브(direction control valve)를 사용하면 좋은가?

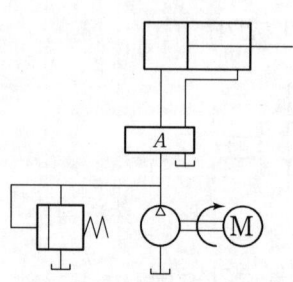

㉮ 클로즈드 센터형 사접속 삼위치밸브
㉯ 센터 바이패스형 사접속 삼위치밸브
㉰ 오픈 센터형 사접속 삼위치밸브
㉱ 삼접속 2위치 밸브

308. ㉮　309. ㉯　310. ㉯

311. 다음 기호가 나타내는 명칭은?
㉮ 리밋 스위치
㉯ 아날로그 변환기
㉰ 압력 스위치
㉱ 전자 변환기

312. 회로압의 과부하를 막고 회로 압력을 일정값 이하로 유지함과 동시에 유압 모터의 회전력과 유압 실린더의 추력을 제한하는 밸브는?
㉮ 무부하 밸브(unloading valve)
㉯ 방향전환 밸브
㉰ 릴리프 밸브(relief valve)
㉱ 시퀀스 밸브(sequence valve)

313. 다음은 포핏(popeet) 밸브에 관한 설명이다. 틀린 것은 어느 것인가?
㉮ 포핏 밸브는 구조가 복잡하기 때문에 이물질의 영향을 잘 받는다.
㉯ 포핏 밸브의 연결구는 볼, 디스크, 평판, 원뿔형 등이 있다.
㉰ 포핏 밸브는 짧은 거리에서 밸브를 개폐할 수 있다.
㉱ 포핏 밸브는 비교적 소형의 제어 밸브나 파일럿 밸브 등에 사용된다.

311. 기기의 명칭 및 기호
① 압력 스위치 :
② 리밋 스위치 :
③ 아날로그 변환기 :
④ 소음기 :

312. ① 릴리프 밸브 : 회로의 압력을 설정값 이하로 제한하는 밸브
② 무부하 밸브 : 회로의 압력이 소정의 값에 달하면 작동하고, 압력이 소정의 값까지 저하하면 원상태로 돌아가는 밸브(동력절감)
③ 시퀀스 밸브 : 작동순서를 압력에 의해 제어하는 밸브

313. 포핏 밸브는 소형 밸브이고 구조가 간단하다.

311. ㉮ 312. ㉰ 313. ㉮

한국산업인력관리공단 출제기준에 따른

유압 · 공압 연습

2002년 1월 10일 제1판 1쇄 발행
2004년 3월 25일 제1판 2쇄 발행

저　자 ● **한 홍 걸**
발행자 ● **조 승 식**
발행처 ● (주) 도서출판 **북스힐**
　　　　서울시 강북구 수유 2동 259-20
등　록 ● 제 22-457 호

 (02) 994-0071(代)

 (02) 994-0073

 bookswin@unitel.co.kr
www.bookshill.com

값 8,000원

잘못된 책은 교환해 드립니다.

ISBN 89-5526-023-7